JN251673

ホラアナグマ物語
—ある絶滅動物の生と死—

THE CAVE BEAR STORY
Life and Death of a Vanished Animal

ビョーン・クルテン 著
Björn Kurtén

河村　愛・河村善也 訳

インデックス出版

訳者のまえがき

およそ 46 億年にもおよぶ地球史の中で最も新しい時代、つまり約 260 万年前から現在までの時代は第四紀と呼ばれる。われわれが生きている今も地球史で言うと第四紀に含まれる。第四紀は 3 億年近くも続いた温暖な時代の後に訪れた著しく寒冷な時代で、そのために「氷河時代」とも呼ばれる。その気候は全体として他の時代よりずっと寒冷であったが、単に寒かっただけではない。激しい寒暖の変化が繰り返されたのである。現在はそのような寒暖の繰り返しの中で、たまたま訪れた温暖期なのである。そのような意味で第四紀は「環境激変の時代」とも言うことができるであろう。もう一つ忘れてはならない第四紀の特徴がある。それは、この時代にわれわれ人類が進化・発展して大繁栄を遂げた「人類の時代」という特徴である。「氷河時代」や「環境激変の時代」は長い地球史の中で過去にもあったが、この特徴は過去にはまったくなかった特徴である。そのために、第四紀は「人類紀」とも呼ばれる。

第四紀には、もうすでに死に絶えてしまった絶滅動物がまだ多数生息していた。そのような動物たちは第四紀に長く生きながらえていたが、その終り近く、つまり地球史の時間で言うとごく最近に急激に死に絶えてしまって、今はもう地球上のどこを捜しても見つからないのである。そのような絶滅動物で、わが国で最もよく知られているのは全身が深い毛で被われたマンモスゾウであろう。ヨーロッパではマンモスゾウとならんで、よく知られた絶滅動物がいた。それがホラアナグマである。

中世やそれ以前から、ヨーロッパの洞窟では夥(おびただ)しい数の骨が見つかっていた。当時の人々は、真っ暗な洞窟の中に累々と横たわる夥しい骨を見て、その恐ろしい光景に息をのんだに違いない。人々はそれらを得体の知れない怪物の骨、特に伝説に現れる竜の骨と考えて、そのような洞窟を「竜の巣穴」だと思ったのであろう。ヨーロッパに「竜の巣穴」という名前のついた洞窟があることは、そのことをよく表わしている。

18 世紀後半から 19 世紀初頭にかけて、ヨーロッパに近代的な科学が興ると、これらの骨の正体が次第に明らかになっていった。その多くは、第四紀のヨーロッパに広く生息していたホラアナグマの骨だったのである。本書の著者のクルテンは、科学の眼で見ればそのような骨が実に多くのことをわれわれに語りかけてくれること、そしてそのような骨の証拠から今ではもう死に絶えてしまったホラアナグマという絶滅動物の生と死の物語を正確に復元できることをわれわれに教えてくれる。また、ホラアナグマは第四紀に生きたわれわれの祖先とも関係があったのである。

訳者の一人、河村善也が本書と最初に出会ったのは、本書が出版されて間もない頃で、もう30年以上も前のことである。河村善也は当時すでにホラアナグマのような第四紀の哺乳類化石の研究を始めていたので、この本にざっと目を通しただけで、大変すばらしい本であることがすぐにわかった。この本のすばらしさを日本の多くの読者に知らせたいという思いから、そのときにこの本の翻訳を思い立ったのだが、その後の日々の忙しさで、翻訳に集中する時間もなく、また一人でやってやろうという気力も湧いてこないうちに、30年余りの歳月が過ぎてしまった。しかし、この本を翻訳したいという思いはずっと持ち続けていた。そのような30年来の思いを実現する好機がついにやってきた。

もう一人の訳者である河村 愛が大学院に入学し「人類紀自然学研究室」に所属して、第四紀の哺乳類化石の研究を始めることになったからである。河村善也がこの本の翻訳を一緒にやらないかと提案したことがきっかけとなって、入学後すぐに二人で翻訳を始めることになった。この本が第四紀の哺乳類を学ぶ大学院生の読み物として、とても勉強になる良書であり、忙しい中でも二人で協力してやれば何とか翻訳を完成させられるのではないかと考えたからである。さて実際に翻訳を始めてみると、当初思っていた以上に時間がかかることがわかってきた。それでも何とか時間を見つけては、少しずつ翻訳を進め、河村 愛の大学院前期博士課程修了時にようやく翻訳が完成した。この課程の修了年限と同じ2年の歳月を要したことになる。

本書は一般の読者にもわかりやすいように書かれてはいるが、それでもわが国の読者にはある程度の専門的な知識がないと十分に理解できないと思われるところや、補足説明が必要と思われるところが見受けられる。そのようなところには、読者の理解を助けるためにできるだけ多くの訳注をつけることにした。また原著者の記述に関連して興味深い事柄がある場合にも、読者により広範な知識や興味を持ってもらえるように訳注を付けておいた。さらに本書が出版されから、すでに30年以上も経っていることから、現在の知識から見て内容が古くなってしまった事柄もある。特に第四紀の編年や時代区分については、当時と現在では大きく変わっているなど、それらについての説明が必要な場合もあった。以上のような種々の事柄を説明するためにつけた訳注は、それぞれのページの下部に入れてある。また、記述する内容が多く、そのような場所に入りきらない場合は、本書の末尾に「訳者による付録」を付けて、そこに入れることにした。このように多くの訳注や付録を付けたことが、この翻訳書の原稿完成に時間を要したことの原因の一つとなっている。

本書は、ホラアナグマ発見の物語に始まり、化石として残るクマの骨や歯についての解説を行い、次いでホラアナグマに至る約2000万年間のクマ類の進化史について述べ、その中でホラアナグマがどんな世界で暮らしていたのかを説明している。さらに、ホラアナグマのオスとメスの問題や大型化と矮小化の問題について述べ、われわれ人類とホラアナグマの関わりについて科学的な視点で議論している。またホラアナグマがどのような暮らしをして、どのようにして死んでいったのかということについても述べるとともに、ホラアナグマという動物が地球上から消え去った絶滅という現象についても述べている。最後に原著の付録として、化石研究から明らかになったホラアナグマの生命表が載せられている。たった1種の絶滅動物について、これほど詳しくいろいろなことがわかっている例は、ホラアナグマ以外ではほとんどないであろう。このことはヨーロッパで200年以上も行われてきたホラアナグマ化石の研究成果であり、なかでもクルテンの研究によるところが大きい。わが国で第四紀の哺乳類化石を研究する者にとっては、本書から学ぶことは非常に多い。

本書は、第四紀の哺乳類化石に興味を持つ人々だけでなく、現生のものも含めた哺乳類全般に興味を持つ人々、第四紀の環境変化とその中で暮らしていた動植物との関係に興味を持つ人々、絶滅動物の発見の歴史やその研究の歴史など科学史に興味を持つ人々、さらには第四紀の人類や旧石器時代の考古学に興味を持つ人々など、日本の多くの方々に是非読んでいただきたい良書である。また訳注を多く付けてあるので一般の人々が読んでも理解しやすく、興味深い内容の本になっていると思う。本書を読んで、多くの読者の方々が「第四紀の哺乳類はおもしろい」と実感していただけることは、訳者にとって大きな喜びである。また今は亡きクルテンも、本書が日本語に翻訳されたことをきっと喜んでくれると訳者は信じている。

2013年3月

河村 愛・河村善也

目次◇ホラアナグマ物語

著者の覚え書き

だれもが自分の運命から逃れることはできない。私とホラアナグマの関わりは、その子供*1にたまたまスウェーデン語のクマという名前が与えられることになった50年前に始まったと言えるのかもしれない。人生の初めの時期には、その名前に合わせて暮らしていくことにめんどうなこともあったが、やがてその名前は「ジャーナル・オブ・インシグニフィカント・リサーチ」という雑誌の「著者と題目」という項に記述されるような名声を私に与えてくれるようになった。だが実際の私の仕事は、1950年代の初めには始まっていたのである。私は最新の集団の理論を化石哺乳類に適用したいと考えていて、研究材料はどんな化石哺乳類でもよかったのだが、統計学的に取り扱えるほど多く数の標本のあるものはないかと捜し回っていた。たまたま手元にあったのは、100年前に採集されヘルシンキ大学地質学科の標本戸棚に置かれていて、多少とも忘れ去られていた標本であった。それがホラアナグマであり、何百個もの骨と歯の化石であった。

それらを調べて統計処理することで、私は実に楽しい時間を過ごした。しかし当然の成り行きなのだが、やがてはどこか他の場所に行って他のホラアナグマがそれと同じ性質を示すかどうかを調べなくてはならないときが、私にやってきた。なるほど、あるものはそれと同じ性質を持っていたが、あるものはそうではなかった。このようなことから、他のクマ類の種についても調べて、それがどのような性質を持つかを理解しておくことも必要になってきた。そうだ、このような研究には終りはないのだ。

それらの化石は、クマ類がどのように進化したのか、またそのようなクマ類がどのように行動していたのかについて私に多くのことを物語ってく

---

*1　著者のこと。ビョーン・クルテンのビョーン（Björn）はスウェーデン語でクマを意味する。

れたが、最もよかったことはそれらの化石がそれと同時に、他の多くのことも明らかにしてくれたことである。私がこの本の中で読者に説明したいのは、そのことなのである。ホラアナグマは、この本の主人公ではあるが、この本の物語にはホラアナグマ発見の際の人々の興奮についても書かれているし、壮大な過去の物語や自然界における生と死の移り変わりの様子、それに今日ではよく解明されている進化の道筋や速度、クマと人類の関わり、そして絶滅の謎についても書かれている。私はそのような物語がプロの科学者以外の多くの読者にとっても興味深いものだと思っているので、本書が不必要に専門的にならないように注意して執筆した。

ホラアナグマを研究するにあたって、私は幸にも同じ道を歩んできた多くのすぐれた研究者に出会うことができた。彼らの中には、今世紀の主なホラアナグマ研究の権威が2人いる。ウィーンのクルト・エーレンベルク教授とバーゼルのフレデリック・エデュアール・コビー博士である。彼らのどちらかは、多くの問題で私の意見に強く反対した。例えばアルプスでのホラアナグマの矮小化や人類とクマの関係についての問題である（私は前者ではエーレンベルクの考えに、後者ではコビーに考えに従った)。彼らは、彼らの時間と知識や理論を惜しみなく私に与えてくれた。エーレンベルクはまた、彼の愛するモーント湖*[2]で底が平らになった特別な小舟の操縦を教えてくれ、美しいザルツカマーグート*[3]を私に紹介してくれた。

1969年に亡くなったコビーは職業が眼科医であったが、プロとして十分な才能のあるアマチュアの古生物学者で先史学者としても知られていた。容赦のない視点と皮肉に富んだ気性で、彼は科学の問題には冷酷な闘士であったが、個人的には非常に温和な人物であった。エリザベス・シュミットは「彼はけっして動物を殺さないし、ハエもヘビもネズミも殺さない」と書いている。

私は、その他の多くの研究者や友人に援助してもらったり、助言してもらったり、彼らが管理している標本を見せてもらったりしたことに感謝し

---

*2　オーストリア西部のザルツブルグ近郊にある小さな湖。
*3　モーント湖周辺の地域で、多くの美しい山や湖のある風光明媚な地域。

たい。それらの人々の中で、私はK. D. アダム（シュトゥットガルト）、P. ボイラン（エクセター）、M. クルサフォント（サバデル）、M. デーゲルベール（コペンハーゲン）、R. デーム（ミュンヘン）、C. C. フレロウ（モスクワ）、A. D. ハラム（ターントン）、D. A. ホイヤー（ライデン）、T. ロード（セトル）、F. プラット（ボルドー）、D. E. ルセル（パリ）、R. J. G. サビッジ（ブリストル）、G. G. シンプソン（ツーソン）、A. J. サットクリフ（ロンドン）、E. テニウスとH. ザッフェ（ウィーン）、H. トビエン（マインツ）、N. K. ヴェレシチャーギン（レニングラード）、J. F. デ・ヴィラルタ（バルセロナ）、E. ヴェーグマン（ヌシャテル）に感謝したい。

この本のために描かれた地図や解剖学的な図は、ベリット・レンクヴィストによるものである。古い時代の動物や風景を生き生きと描いた復元図（図2を除く）はマーガレット・ランバートによって描かれたものだが、そのうちの図12、18、20、21は、特にこの本のために描かれたものである。ウィルフレッド・T. ネイル博士には、初期の段階の本文の原稿を読んで、多くの有益な助言や修正をしてもらった。

1975年7月ヘルシンキにて　　　　ビョーン・クルテン

ホラアナグマ（*Ursus spelaeus*）
（マーガレット・ランバートの図をもとに SOLVA が描き直した）

第1章
発　見

身の毛がよだつような、恐怖がわき上ってくるような、果てしない洞窟、真っ暗なほら穴、ああミューズの神様、私の心に蘇ってきた、そんな死の世界。

われわれは歩き始める。ステッキとハシゴとたいまつを持って。その森の頂きに立ち止まって、われわれはその真っ暗な洞窟を捜す…。やっとのことで、われわれの目の前に現れたその洞窟は、大きく口をあけている。その森の中にある岩の裂け目、それは人里離れた寂しい所にある。

その岩の裂け目を通って洞窟の広い部屋に踏み込むと、私は手足が震えるのを感じる。音を出さずに、私はわが道を進んでいく。洞窟は広がり、曲がりくねった通路は深い暗闇の中に消え、何百もの曲り角や割れ目で見えなくなってしまっている。私はたいまつでその通路を調べる。そして私はさまざまな形をしたものを見る。自然はそれらを巧みに、どんな人の手より巧みに、生きている岩からつくり出した。

見下ろすと、すぐ私には無数の恐ろしい人骨が見える。私には歯があることもわかる。死体が石に変わり、骨が洞床に横たわっているのを見ることができるのだ…。

ヴュルツブルク大学の神学と哲学の教授だったトーマス・グレプナーは、1748年にドイツ南部にあるガイレンロイトの有名なツォオリート洞窟に入ったときの印象をこのような言葉で記録している。この洞窟はムッゲンドルフという小さな町の近くにあるいくつかの洞窟の一つで、それらの洞窟は長年旅行者に人気のある観光地となっている。グレプナーはモルスハウゼンという名の地元の猟場の管理人に案内してもらったのだが、彼は入洞する際にその地のすべての洞窟の中で最も有名なものを選んだ。そして、それがまさに絶滅したホラアナグマの最初の頭骨が産出した洞窟なのである。

グレプナーが見たものは、彼がラテン語の六歩格の詩[*1]の形をとった記録に書き残しているような印象を彼に与えた。その詩は「ガイレンロイトの近くにある地下の洞窟の描写」で、そこから上記の引用文（意訳したもの）が取られている。グレプナーはクマの骨を間違って人間の骨としているが、この詩は洞窟の中でホラアナグマの骨を観察した最も古い記録の一つである。約30年後にもう一人、別の牧師であったF. J. エスパーがガイレンロイトの洞窟の堆積物からいくつかの人骨を見つけたのも事実であるが、その洞窟にあった大量の骨は確かにホラアナグマのものであった。

それよりもっと古い時代には、洞窟で見つかる巨大な生物の骨は竜や巨人や一角獣といった伝説の動物の骨と考えられていた。ヨーロッパの数々の洞窟には、竜の洞窟や竜の巣穴という名が付けられている。いくつかの洞窟では、骨の数が信じられないくらいに多く、それらはもちろん人々の好奇心をそそり、中世や中世以後でも早い時期の薬屋では、これらの骨は砕かれて医薬品に、主に性欲促進剤として調合されていた。さらに、洞窟産の竜の遺物についての「科学的」な記載も書かれていた。1672年には、J. パターソン・ヘインがカルパチア山脈から産出した骨を、このような「科学的」な方法で同定した。しかし、そのときまでに、それらの骨が何の骨であるのかということを認識していた学者もいた。これらの学者が持っていた人々を啓蒙する科学的態度は、1632年にヌーレムベルクで出版されたP. バイヤーの「オリクトグラフィカ・ノリカ」という本に載っている。

われわれは、グレプナー教授が「恐ろしくなったこと」や「手足が震えたこと」を笑ってしまうかもしれない。またガイレンロイトの洞窟についての現代の描写は、まったく異なったものになっていることは疑いない。さらに恐ろしい人骨はもちろん、実際にはホラアナグマの骨であった。しかし、グレプナーの熱意と彼が進んで行ったいくつかのことは、驚くべきことで、賞賛すべきことだということを心に留めておくべきであろう。なぜなら洞窟の骨、つまり古くに死に絶えた動物の骨は、冒険を求め過去に関心を持つトーマス・グレプナーのような人々に、今でもなおいろいろな

[*1] 原語はhexameter。ヨーロッパの詩の韻律による分類で、一行が6つの詩脚からなるもの。

ことを語りかけてくれるからである。

エスパーは、すばらしい図の入った 1774 年の論文で、洞窟産のクマ化石を現生のヒグマの骨と比較することによって同定し、洞窟産のものと現生のものの主な違いは、洞窟産のものが現生のものよりはるかに大きいことであると述べている。また彼は、ヒグマに見られるいくつかの歯がこのようなクマ化石の頭骨では欠けていることに気付いていた。彼は洞窟産のこの動物がホッキョクグマだと考えた。しかしこの説は、すぐに他の学者によって間違っていることが明らかにされた。そのような学者には、ダルムシュタット*2 の著名な博物学者のヨハン・ハインリッヒ・メルク*3 や、同様に名高いスコットランドの解剖学者ジョン・ハンター*4 がいた。しかし、この動物に名前を付けたのは、ヨハン・クリスティアーン・ローゼンミュラーである。1794 年にローゼンミュラーは、彼の友人の一人である J. クリスティアーン・ハインロートとともにウルスス・スペラエウス（*Ursus spelaeus*）という学名（文字どおり洞窟のクマという意味）を付けて、ホラアナグマの最初の記載論文を出版した。そのときローゼンミュラーは 23 才の若い学生であった。その記載論文は「動物の化石骨の研究、研究と正確な図による認識」という題の 34 ページのラテン語の小冊子で、ガイレンロイト産の 1 個の頭骨の図版（ローゼンミュラーによる）が特色となっていた。その後のことであるが、この頭骨はホラアナグマという種の模式標本、あるいはその名前のもとになった標本となり、ガイレンロイトの洞窟はその種の模式地となっている。

模式標本という概念は、初期の分類学者によって非常に厳密に使われていた。だからそれに選ばれた標本は、とにかくその特定の種のすべての特徴を具体的に表していると見なされていた。新しく見つかったものはそれと比較され、もし小さな違いがいくつか観察されると、新しく見つかった

---

*2 ダルムシュタットはドイツ南西部の学術都市で、大学やヘッセン州立博物館があり、訳者の一人河村善也は 1998 年にこの博物館を訪れて、化石標本の観察を行ったことがある。

*3 メルク（Johann Heinrich Merck, 1741～1791）は作家、評論家としてよく知られた人物で、ゲーテの友人でもあった。ゾウやサイの化石についての論文も著している。

*4 ハンター（John Hunter, 1728～1793）は、当時の著名な外科医で、博物学者でもあった。

ものは別の種の構成員と見なされた。

ところで、ホラアナグマの頭骨は、他のクマの頭骨にも共通することだが、形態がかなり多様である。さらに、数10年間に得られた膨大な標本によって、異常な変異を持つものが現れることがわかった。例えば、模式標本となっている頭骨は前頭部がドーム状に著しく盛り上がっている（このような盛り上がりの理由は、第2章で議論することになる）。この特徴は他の大部分のホラアナグマの頭骨に共通する。しかし、頭骨を横から見たとき、それより平らになったホラアナグマの標本もあり、そのようなものを19世紀初期のフランス屈指の博物学者ジョルジュ・キュビエ*5は別の種の構成員と見なして、ウルスス・アークトイデウス（*Ursus arctoideus*）という学名で呼んだ（ヒグマ *Ursus arctos* に似ているから）。しかし、キュビエはそのような2つの「型」をつなぐ中間の特徴をもつ一連の標本を見つけて、すぐに自分の誤りを認めた。彼は、最後にはホラアナグマという種の単一性をしっかりと主張するようになった。

残念なことに、すべての人々がこの偉大な科学者の例に従ったわけではない。学者たちは、今日では単に個体変異や性的変異、そしてせいぜい品種を区別するほどの変異とわかっている特徴にもとづいて、せっせとホラアナグマの新しい「種」を作り続けた。系統分類学的な文献には、このような不必要な種が実に驚くほどの数であげられており、それらをここで繰り返すことは、ほとんど何の意味もないことであろう（章末の原著の注参照）。

現代の系統分類学において、「模式標本」は以前の世紀に持っていた意味とはいくぶん異なった意味を持っている。今日では、それは単に名称のもとになった標本と考えられている。模式標本はその種の「典型的」なものでなくてもよいし、平均的なものでなくてもよい。そして標本を比較するときに重要なことは、模式標本そのものではなく、模式標本が属している集団全体なのである。

ホラアナグマは何千年も前に死に絶えてはいるが、われわれのすぐ手近

---

*5　キュビエ（Georges Cuvier, 1769～1832）はフランスの博物学者で、動物学者。比較解剖学の創始者とされ、脊椎動物化石の研究にも大きな業績を残したが、ラマルクなどの進化説には反対した。

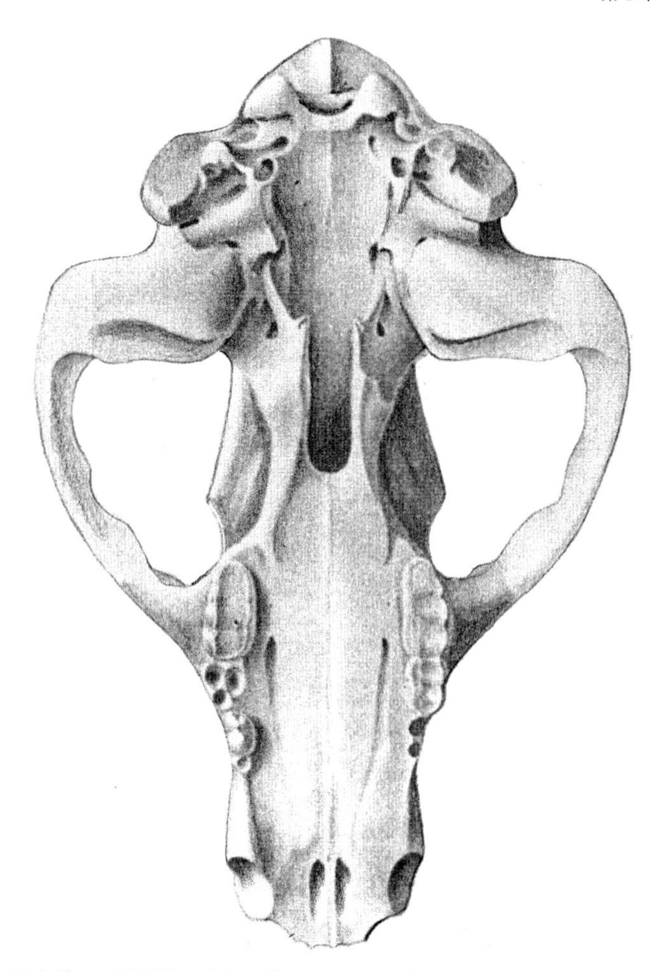

図1　ホラアナグマの頭骨を下から見た図で、1853年にアレクサンダー・フォン・ノルドマンによって出版されたもの。空になった歯槽が示すように、歯の何本かは抜け落ちている。普通、上顎の片側に頬歯*6は3本（1本は小臼歯で2本は大臼歯）であるが、この標本では左の小臼歯の前に1個の小さな歯槽があり、余分に痕跡的な小臼歯が1本残っていたことを示している。この頭骨はメスのもので、頭骨が比較的小さいことや犬歯の歯槽が小さいことがそのことを示している。（デザインオフィス’50による描き直し）

---

*6　第2章の訳注*13を見よ。

に化石の集団、つまり何百、何千あるいはそれ以上の数の頭骨やその他の骨の集団が存在していた。19 世紀には、信じられないくらいの数のホラアナグマの化石骨が産出する洞窟がドイツ、フランス、スイス、オーストリア、イタリア、ハンガリー、チェコスロバキア、ポーランド、ロシア、ベルギーで発見されていた。ホラアナグマはイギリスでも発見されていたが、そこのホラアナグマは何か特別なものであった。その話題は、第 8 章でもう一度述べることになる。

ホラアナグマ発見の初期の歴史を振り返ってみると、ローゼンミュラーはその発見について最も偉大な人物として、また稀な才能と洞察力を持った科学者として際立った存在である。彼は 1771 年にドイツのヒルデスハウゼンに近いヘスベルクで生まれ、エアランゲン大学の学生となった。そして、彼はムッゲンドルフの町のまわりにある洞窟を調査し、すぐに学者としての名をあげた。今日、それらの洞窟の一つには彼の名前が付いている。彼は後にライプツィヒ大学の解剖学の教授となり、この分野でもまた有名になった。人体の少なくとも 2 つの器官は彼の名前にちなんで命名されており、彼の解剖学の教科書は、1820 年の彼の死のずっと後になっても、新しい版で出版されている。

初期の進化論者としてローゼンミュラーは（ホラアナグマを記載した小冊子のドイツ語版で）、環境や食物の変化などで新しい種が進化して現れた可能性について論じた。彼はホラアナグマが気候変化のために絶滅したかもしれない、あるいは現生のヒグマに進化したかもしれないと書いている。これは 1795 年のことで、1809 年にジャン・ラマルク*7 の進化に関する著作が出るずっと前のことであることを心に留めておかなければならない（1797 年にはラマルクはまだ明らかに、種は不変という当時の正統な考えを受け入れていた）。

ローゼンミュラーの科学の対する信念は次のような言葉に表されている。自然の中での出来事について意見を持つときは、いつでも何が最も自然で

---

*7　ラマルク（Jean Baptiste Lamarck, 1744～1829）はフランスの生物学者で、生物進化についての「用不用説」を唱えた。1809 年に出版された「動物哲学（Philosophie Zoologique）」は彼の代表的な著書で、そこでこの説が述べられている。

普通なのかを考えるべきである。もし、われわれが想像よりもむしろ感覚を信じようと努力するなら、われわれが自責の念を持たなくてはならない理由はまったくないだろう。

クマ化石を多産する洞窟についての問題に直面したとき、科学者たちはどのようにしてそれらの骨のすべてが洞窟に入ってきたのかを説明しなければならなかった。大まかに述べると、これまでに4つの主な仮説が折にふれて提唱されてきた。

第1の説は、すでに化石骨を含んでいた岩石の中に洞窟が形成されたとするものであった。岩石それ自体は溶け去って、化石骨がそのまま残されたと考える。この説は空想的なもののように思われるかもしれないし、クマ化石を多産する洞窟の場合はそのとおりであるが、実際には岩石の中から石化した骨が見つかることは稀なことではない。しかしホラアナグマの化石に関しては、洞窟が形成されている石灰岩にはこのような骨は含まれていないことが明らかにされていた。そのような石灰岩は、ホラアナグマの時代より何百万年も前の海底でできたものであることが今日ではわかっている。実際に、ローゼンミュラーもその事実を1795年に指摘していた。

もう一つの説は、全世界を覆った洪水*8が科学の基礎の一つとしてまだ受け入れられていた時代に多くの人々が信じていた説で、それらの骨はおそらく、途方もない大洪水の際に流水によって洞窟に運び込まれたと考える。エスパーがそのような化石骨を、海のそばに棲むホッキョクグマのものと考えたのは、おそらくこのことが理由となっている。しかし洞窟の性質やその堆積物は、この考えがありえないことであることを示している。実際のところ、そのような洪水は、いくつかの洞窟には何千というホラアナグマの骨と少数の他の動物の骨を運び込み、他の洞窟にはハイエナの骨を運び込むなどというように、特別に選択的な洪水だったということになってしまうのである。

第3の説は、クマの骨が人類によって持ち込まれたと考え、そのような人類は多くの場合、クマ狩りに特化した人々であったとするものである。

---

*8 聖書のノアの洪水（Noah's Flood）を指す。

このような考えは、早くも1790年にH. ゼメリンクによって出されていたが、この説はそのような初期の時代にはあまり重要なものとは考えられていなかった。なぜなら、人類がホラアナグマや他の絶滅動物がいた時代に生活していたという明確な証拠がなかったからである。脊椎動物につい

図2　途方もない数のホラアナグマの化石骨の印象にもとづいて、初期の学者たちはそのような動物が大きな群れをつくっていたと想像した。あるフランスの画家によるこの古い復元画（デザインオフィス'50による描き直し）には、人類とホラアナグマが亜熱帯の風景の中で闘っている様子が描かれており、そこではサルが木のつるにつかまっている。

ての古生物学の創始者であり、19世紀初期にこの分野で屈指の大家であったジョルジュ・キュビエは、地球史のそれぞれの時代が汎世界的な天変地異によって終結し、そのときには当時生息していた生物が死に絶え、その後に新しい植物や動物が死に絶えなかった地域から移住してきたと考えた。キュビエの考えでは、ホラアナグマやそれと同時代の生物は人類が創造される前の時代のものであった。ガイレンロイトでのエスパーの発見のように、人骨がホラアナグマの骨と同じ層から発見されるのは埋葬によるものと考えられた。だから、キュビエによるとされた「化石になった人類は存在しない」という言葉が出てきたのである。そのような言葉はキュビエに追従した人々によって発案されたものかもしれないが、そのような人々は、よくあることなのだが、その説の創始者よりも独断的だった。

イギリスの地質学者チャールズ・ライエル*9は、先史時代の地質学的な出来事が、現在の地球表面を変化させ、現在もまだ進行中の出来事と同じであることを明らかにしたが、キュビエの天変地異説は1830年代初期のこのような斉一説によって打ち破られてしまった。またチャールズ・ダーウィンが1859年に進化論で勝利したことや、初期の人類と絶滅動物が同時に共存していた証拠が蓄積し始めたことによっても、打ち破られてしまったのである。

北フランスのアベビル近郊のソンム川沿いにある古い時代の礫層でできた段丘での長年にわたる辛抱強い研究で、フランスの考古学者ジャック・ブシェ・ドゥ・ペルトははるか昔に絶滅した動物の骨に伴って膨大な数の加工されたフリント*10を発見した。彼の発見も、イングランドのトーキー*11にあるケントの洞窟でのマックエナリーやペンゲリーの発見も、旧来の説を擁護する人々がうまく言い逃れができるようなものではなかったのである。彼らは、そこでクマやハイエナの骨を含む堆積物の中からフリント

---

*9　ライエル（Sir Charles Lyell, 1797～1835）はイギリスの地質学者で、「地質学の原理（The Principles of Geology）」はその代表的な著作。後年の地質学に及ぼした影響が大きく「地質学の父」とも言われる。

*10　二酸化ケイ素が沈殿してできた非常に硬い堆積岩で、石器の材料として使われた。

*11　第5章の訳注*11を見よ。

でできた道具や武器を発見したが、そのような堆積物は硬い石筍[*12]でできた分厚くてまったく人の手がつけられていない層によって覆われていた。石筍の形成後に、そのような石器を埋めることは不可能なことであった。

その後、1850年代初めになって原始的な人類そのものが発見されることになった。それはネアンデルタール人で、氷河時代のヨーロッパでホラアナグマやホラアナライオン、マンモス、ケサイ[*13]と同じ時期に暮らしていた人々である。ネアンデルタール人の作った典型的な石器が明らかにされ、それは大型動物の狩りに使われたものであることがわかった。だから初期の人類が氷河時代の洞窟にクマやその他の動物の骨を集める働きをしたという説は、再び最先端の考えとなったのであり、その説は今でも影響力を持っている。

洞窟から大量のクマの骨（ハイエナや他の動物の骨も）が産出することについての第4の説は、それらの動物が自力で洞窟にやってきて、そこで死んで骨を残し、それらが次第に堆積物で覆われたとするものであった。このような説は、ローゼンミュラーの優れた著述の中で提唱されたものである。彼は、キュビエを含む彼の同時代の人々を納得させていたのは明らかだったし、彼の説明は今でもなお大多数の学者に受け入れられている。何年か後に、イングランドでウィリアム・バックランド[*14]は、ヨークシャーのカークデイル洞窟に信じられないほどの数のハイエナの骨がたまっているのを説明するために、それと似た議論を行った。このような議論については最近に至るまで異論は出ていないが、人類とホラアナグマの問題、そしてクマの狩猟者としての人類の問題については第6章で取り扱う。

---

*12　鍾乳洞の中で炭酸カルシウムが二次的に沈殿してできる洞窟石灰岩の一種で、洞床から上へタケノコのような形でのびたものを指すが、ここでは同じ洞窟石灰岩でも洞窟の堆積物を覆って沈積したフローストーンのようなものを指すのであろう。町田ほか（2003）の5.8節参照。

*13　これらの動物については、第4章で述べられている。

*14　バックランド（William Buckland, 1784～1856）はイギリスの地質学者で古生物学者。マンテル（Gideon Mantel, 1790～1852）とならんで、恐竜を最初に科学的に研究して記載した。彼は、獣脚類に属する肉食性恐竜のメガロサウルス（*Megalosaurus*）を1824年に命名し記載している。

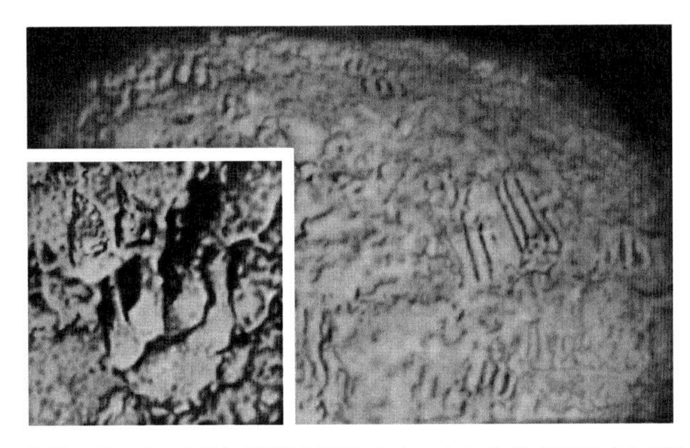

図3 ホラアナグマは、左の足跡（挿入写真）とひっかいた跡を泥の中に残している。足跡は南フランスのバスク地方にあるビジュ洞窟のもので、爪の跡（M. ブイヨンの写真：デザインオフィス'50による描き直し）はイタリアのトイラノ洞窟のもの。クルテンによる。

ホラアナグマとその世界についての最新の研究を推進するために、われわれは先人たちが知らなかった多くの強力な新しい手段を持っている。第1は、いまや信頼できる地質学の情報があることで、そのような情報がホラアナグマの年代を明らかにするために時間の枠組を与えてくれている。いろいろな放射性元素の崩壊を測定する新しい放射年代測定法のおかげで、今日では年という単位で測られた年代の議論が行われている。地質学の年代尺度は、今日では何百万年さらには何億年にも達することが知られているが、ライエル以前の大部分の研究者はそのような年代尺度を紛れもなく信じていなかった。ホラアナグマの系統は、地球上の他のすべての生物の系統と同様に何百万年、何億年前まで遡り、第3章で説明するように、われわれは少なくともその一部をたどることができる。しかし、ホラアナグマそれ自体の時代は、はるかに最近のことなのである。ホラアナグマは、ネアンデルタール人とともに暮らしていたが、その後の氷河時代の末期にはわれわれ自身が属する人類の種[*15]とともに暮らしていた。そしてその時代の末まで、あるいはその後まで生きのびた。

---

*15 現生人類のホモ・サピエンス（*Homo sapiens*）のことで、われわれも生物学的にはその一員である。化石人類として有名なヨーロッパのクロマニョン人やアジアの周口店上洞人（山頂洞人）も同じ種に含まれる。

氷河時代の世界は多数の専門家によって研究されている。地質学者は、内陸にあった氷河が残した痕跡についての説明を行っている。古動物学者は、過去の動物の化石を同定し、古植物学者は植物化石の同定を行っている。考古学者は先史時代の人類の文化を研究し、形質人類学者は初期人類の化石を研究している。生態学者はいろいろな種の生活史と、種間の相互作用や環境との相互作用を調査している。進化学者は、時間とともに進化する集団を追跡している。古気候学者は、過去の気候に関する事実の説明を行っている。古い時代の海や湖の水温でさえ測定することができるのである。

だから、ある意味では過去がもう一度蘇ってくるということなのである。トナカイがヨーロッパ中部を走り抜け、マンモスがラッパのような声を出し、アイルランドオオツノジカ*16が巨大なシャベルのような角を広げている。ホラアナハイエナ*17の騒々しい鳴き声がもう一度聞こえてくる。そして、深いほら穴の中のクマが今、起き上ってくる。今がホラアナグマと知り合うときなのだ。

原著の註

ヘラー（Heller, 1956）は、ガイレンロイト訪問を記述したグレプナーの未公表の詩を発見し、そのドイツ語訳を公表した。エスパー（Esper, 1774）は、それらの化石をホッキョクグマのものと同定した。*Ursus spelaeus* という学名でホラアナグマを最初に記載したのは、ローゼンミュラーとハインロート（Rosenmüller and Heinroth, 1794）、それにローゼンミュラー（Rosenmüller, 1795）であった。ホラアナグマについてその他の注目すべき初期の著作には、キュビエ（Cuvier, 1823）やシュマーリンク（Schmerling, 1833）、フォン・ノドルマン（von Nordmann, 1858）の本がある。ホラアナグマの化石に与えられたいろいろな名称は、エルドブリンクの総括的な著書（Erdbrink, 1953）の中で見つけることができるだろう。

ライエルの古典的な著作は多くの版として出版されている。例えば1875年版。バックランドは、カークデイル洞窟での大量のハイエナ化石の産出についての論文（Buckland, 1822）を出版した。

---

*16　第4章の訳注*12を見よ。

*17　第4章の訳注*16を見よ。

第2章
クマの骨

ホラアナグマと現生のヒグマの頭骨をならべてみると、それらの間にはそれらが一つのグループであることを示すある種の類似性があることに気付くだろう。しかしまた、それらの間にはいくつかの違いもある。本章でそのことの細部に踏み込んで述べるのは、そのような類似性や違いが重要だからで、それらは絶滅したホラアナグマとその生活様式について多くのことをわれわれに物語ってくれる。

まず最初に、ホラアナグマの頭骨は大部分の現生のクマの頭骨よりはるかに大きい。現生のクマには、その頭骨の大きさが最大のホラアナグマとほぼ同じ大きさに達するものが、少しはあるのも事実である。そのような大型の現生のクマは、アラスカやブリティッシュコロンビアの沿岸地域とアラスカのすぐ南にあるコジャック島やアフォグナック島で見られるし、旧満州を中心とした東アジアの限られた地域にも見られるようである。ブーン・アンド・クロケットクラブ[*1]の統計によれば、世界最大のヒグマの頭骨はその全長が17.1インチ（456mm）で最大幅が12.8インチ（325mm）であり、この貴重な標本はロサンゼルス郡自然史博物館[*2]で保管されている。このコジャック島産のクマの頭骨は、確かに最大のホラアナグマの頭骨に匹敵する大きさを持っている。しかし、これは例外的なもので、一般

---

*1　ブーン・アンド・クロケットクラブ（Boone and Crockett Club）は、アメリカの第26代大統領セオドア・ルーズベルトが1887年に創設した大型動物の狩猟と保護を目的とした団体。

*2　ロサンゼルスのエクスポジション・パーク（Exposition Park）にあるアメリカ西部最大の自然史系博物館。ハリウッドのすぐ南にあり第四紀の哺乳類化石産地として非常に有名なランチョ・ラ・ブレア（Rancho La Brea）から産出した大量の化石の保管・展示を行っているジョージ・C. ペイジ博物館（George C. Page Museum）は、この博物館の付属施設である。訳者の一人河村善也は、1998年に両方の博物館を訪れて化石標本の観察を行ったことがある。

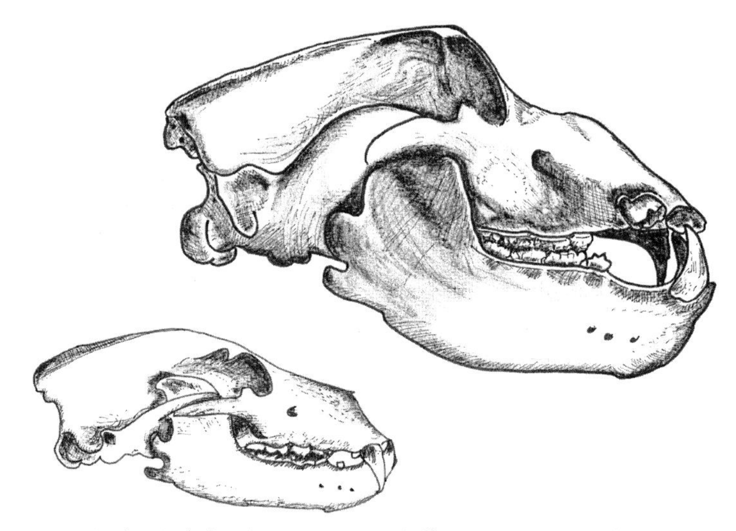

図４　スイスの洞窟から産出したオスのホラアナグマの頭骨。同じスケールでフィンランド産の現生のヒグマの頭骨と比較している。このホラアナグマの右の犬歯は生きているときに破損し、その歯の根元の骨は重度の炎症を起こした証拠があり、おそらくはそのような炎症がこの動物の死因となったのであろう。このホラアナグマの標本については、第７章でさらに議論する。（サイトウユミによる描き直し）

的に言えば、旧世界のヒグマや新世界のアメリカヒグマ（グリズリー）は、平均すればホラアナグマより明らかに小さい。

大部分のホラアナグマの頭骨に見られるもう一つの目立った特徴は、額の部分に独特の盛り上がり、あるいは段差があることで、このように目のすぐ上が丸くふくらんでいることで、その部分が専門用語でグラベラ[*3]と呼ばれる場所をつくっている。このような特徴はすべてのホラアナグマの頭骨で十分に発達しているわけではなく、額がほとんど平らなものもいくらかはある。しかし、このような変異を持つものは稀である。盛り上がった額の部分は、そのような頭骨が鋭敏な知性を持った動物の特色を示すという印象を与えるが、しかしながらそのような解釈は完全に間違っている。なぜなら、そのふくらみは内部に脳が入っているのではなく、空気の入っ

[*3] グラベラ glabella：頭骨を計測する際の基準点の一つで、頭骨の前頭部にあり、ヒトでは前頭鼻骨縫合の上方で、眉間隆起のうち、最も前方に突出する点とされている（鈴木，1973）。ホラアナグマでは、前頭部の段差の上部にあたる。

たいくつかの空洞になっているだけだからである。

ホラアナグマの頭骨がドーム状に盛り上がっていたのは、その中に1つのセットになった非常に大きな空洞を入れるためと考えることができるのであろうか。かならずしも、そうではない。もう1つ別の説明もあるのだが、そのことについては後で述べる。その前に、ヒグマのあるものでは頭骨を横から見たときに、ホラアナグマで典型的に見られるほどのものではないにしても、段差が見られるものがあるということを述べておかなくてはならない。しかし、ヒグマで普通に見られるのは、より平らで緩やかに曲がった前頭部なのである。

クマの頭骨をもう一度横から見てみると、吻[*4]の形にはっきりした違いがあることに気付くであろう。ホラアナグマの鼻骨は顎の長さと比べて非常に短いので、鼻孔は前を向いて開くというより、むしろ上を向いて開く傾向がある。その鼻づらは、鼻が偏平になった犬種のパグ[*5]のそれにやや似ていて、実際ホラアナグマの顔はパグのように復元されていることが多い。私はこの種の復元には多少疑問を感じている。なぜなら短くなった鼻骨は、鼻がよく発達していてよく動くことを示しているかもしれないからである。実際に、バクやゾウのような長い鼻を持った動物では鼻骨は非常に短くなっている。また、ホラアナグマはパグが持っている下から取り付けたような下顎骨[*6]は持っていない。だから私は、ホラアナグマの鼻は押しつぶされたように偏平になっていたのではなく、かなり長く、そして突出していたと考えており、それは第6章でわかるように、氷河時代人が残した芸術作品に見られるホラアナグマの姿なのである。

最後に、クマの頭骨をもう一度横から見て、下顎骨の下縁の形に注目してみよう。もし、これらの頭骨をテーブルの上に載せたとすると、ヒグマの頭骨は下顎骨の下縁が真っすぐなのでぐらつかず、しっかりとその上に

---

*4　目より前の鼻づらの部分で、英語では muzzle や rostrum と言う。

*5　パグについては第6章の訳注[*10]を見よ。

*6　パグやブルドッグのように頭骨が短縮した犬種では、下顎骨が上顎より長くなっていて、下顎骨を下から取り付けたような不釣合いな頭骨になっている。頭部の外見は極端な受け口で、このような状態はアンダーショットと言われる（河村・河村, 2011 参照)。

載っているであろう。それとは対照的に、ホラアナグマの頭骨はまさしく揺りイスのようになるであろう。ある意味では、このような特徴からホラアナグマの頭骨は、曲線的でふくらんだものという究極の印象をわれわれに与えることになり、ホラアナグマの頭骨はあたかもきれいに釣り合いのとれたヒグマの頭骨を不釣り合いにふくらませて、奇妙にしたようなものなのである。このような曲線的にふくらんだホラアナグマの頭骨の特徴はけっして偶然のものではない。その特徴には明確な意味があり、クマの頭部が持つ目的を考えることによって、その意味がわかる。

学問で目的を語ることは、目的論と呼ばれる。古い時代に人々は神の目的によってすべてのことが起こると考えた。近代的な科学が発達したことによって、目的論は廃れてしまった。なぜと問いかけるかわりに、どのようにと科学者は問いかけるようになった。生命科学に目的論が復活したとき、それは非常に異なった意味を持つようになっていた。その用語は、今日では適応や自然選択[*7]という言葉で言い表されなければならない。もし目がものを見るという一つの目的を持っているのなら、ものを見るということは適応によってそのような機能がつくられたということなのである。あるいは、科学者たちが自然選択と呼ぶ遺伝と環境の間の、または体内の化学的な作用と外部の世界との複雑な相互関係によってつくられたということなのである。

まさにそのようなことから、クマでも他のどのような哺乳類でも頭部には1つ、あるいはむしろ多数の目的があるのである。まず頭部は主要な感覚器を収容し、脳を収容するという働きを持っている。ホラアナグマの眼窩とヒグマのそれを比べてみよう。ホラアナグマの眼窩はヒグマのものより相対的に小さいということがわかるので、ホラアナグマの視覚は比較的弱かったことがわかる。一方、ホラアナグマの鼻孔はかなり大きく、ホラアナグマが鋭い嗅覚を持っていたことを示している。内耳の解剖学的な特徴で聴覚の鋭さがわかるかもしれないが、そのことはまだ調べられていない。

---

*7　自然選択については、第9章で議論されている。

ホラアナグマの脳は、頭部の大きさから予測されるほど大きくはない。脳は頭骨背面のかなり下の方に隠れていて、平均的なヒグマの脳より大きくはない。だからホラアナグマは特別に頭のよい動物ではなかったように思われる。

すでに述べた2つの事柄に加えて、頭部には別の目的があった。食物を掴み取り、それを噛み砕くことである。この機能は、顎と歯、そしてそれらを動かす筋肉によって行われている。このような噛む装置は頭骨の他の部分と比べて非常に大きい。それには上・下顎と歯ばかりではなく、頭骨の両側に突き出た大きな頬骨弓*8と頭骨の頂部に沿って走る稜*9も含まれる。このような稜はそれと同様に明瞭な、頭骨を横切る方向の稜*10とつながっている。頬骨弓やこれらの稜は、顎を動かす筋肉を付着させるのに役立っている。

実際に掴み取ったり噛んだりする働きは、歯によって行われる。歯は動物の生活様式について多くのことを物語ってくれる。そこで、ホラアナグマの歯について詳しく見てみよう。

クマ類は食肉目*11の構成員ではあるが、クマ類の大部分は純肉食性という特性から遠く離れてしまっている。クマ類は、動物質や植物質のものを幅広く食べる。だからクマ類は、ヒトやブタのように雑食性なのである。また雑食性という食性が影響して、他の食肉類と歯の形態が異なっている。

典型的な食肉類の歯は、顎の前方に摘み取ったり、掴んだりするための小さな切歯があり、そして獲物に咬みついて殺すための犬歯があり、さらに肉を切り取るための鋭く尖った小臼歯があり、顎の後部には多くの咬

*8　眼窩の下方から頭骨後部にのび、頭骨側面に弓状に張り出して橋のようになった骨の構造で、図1や図34を見るとよくわかる。

*9　矢状稜と呼ばれる。図34でよくわかる。

*10　後頭部にある項稜のこと。

*11　目（もく）は分類学上の階級で、グループの大きさを表す単位。このような階級の基本的なものには、下位（より小さいグループ）から種、属、科、目、綱、門、界がある。このような階級にとらわれず、一般にそのグループを指すときには「類」を使う。クマ類はクマ科、食肉類は食肉目のことで、階級の異なるグループがいずれも「類」と呼ばれる。

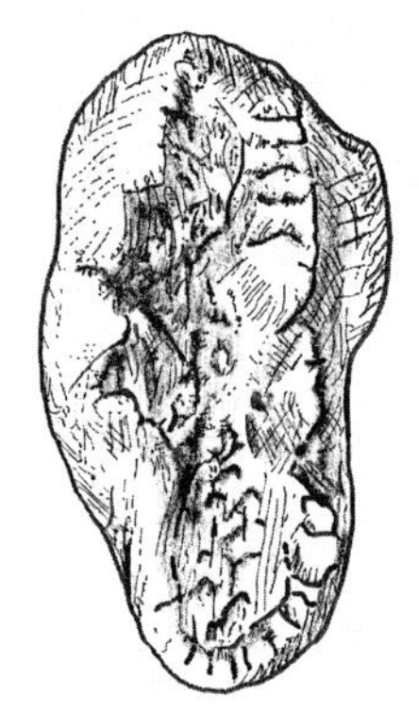

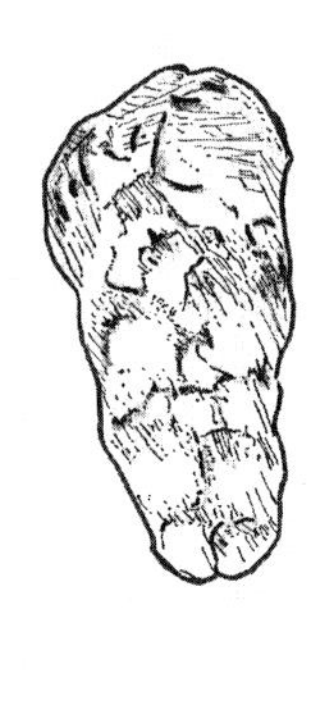

図５　ホラアナグマの大臼歯（左側）とイノシシの大臼歯。類似の食性に適応したために、外形や咬頭のつくる模様が似ている。（サイトウユミによる描き直し）

頭*12を持った大臼歯があるのが特徴である。大臼歯は植物質のものを噛むのに使われることもある。このような歯の組み合わせは、イヌのような比較的特殊化していない食肉類に典型的に見られる。頬歯列*13の中では、いわゆる裂肉歯*14がはっきり目立った存在で、それは切り裂くための２個の大きな歯で、上顎の最も後ろの小臼歯と下顎の最も前の大臼歯がそれに当たり、それらは互いに咬み合うようになっている。ネコが肉を咬むときには、それらの歯が使われていることが観察できる。

ネコ類のような極端な肉食性の動物では、裂肉歯の後方にあって、鋭い咬頭をもった大臼歯は小さくなり、消え去る傾向にある。このような退化傾向は、化石記録で追跡することができる。一方、クマやアナグマのよう

---

*12　歯は、口の中に出ていてものを噛むのに使う歯冠という部分と、それを支えるために顎骨の中に入り込んでいる歯根という部分に分かれる。歯冠で咬み合わせの面（咬合面）に向かって突出した部分を咬頭という。咬頭はもともとは円錐形であったが、いろいろに変形していることが多い。

*13　小臼歯と大臼歯を合わせて頬歯と呼び、それらの歯がずらりと並んでつくる列のことを頬歯列という。

*14　肉食性哺乳類の頬歯に見られる上・下各１本の鋭く尖った大きな歯で、本文にあるように食肉目では上顎の最も後ろの小臼歯（第４小臼歯）と下顎の最も前の大臼歯（第１大臼歯）がそれに当たる。食肉目の祖先で古い型の肉食性哺乳類である肉歯目では、食肉目より後方の歯が裂肉歯になっている。

な植物性の食物をたくさん食べる食肉目の動物では、そのような後方の歯は大きくなり、多数の丸みを帯びた低い咬頭のある幅広い咀嚼面が発達する傾向がある。このような傾向は、クマ類で極端な状態になっていて、その結果、その歯は驚くほどブタ類の歯に似るようになっている。クマ類では、すりつぶす働きの大臼歯が非常に大きくなり、裂肉歯は比較的小さく、咬頭が鈍くなっていて、小臼歯は非常に退化している。現生のクマ類の中で、ホッキョクグマは唯一の例外で純粋に肉食性であるが、その歯はそれに対応している。その歯は、他の点でもさらに特徴的であるが、もともとは丸かった咬頭が高くなり尖がるようになっている。

もし、植物食に向かう傾向が、ホッキョクグマで見られないのであれば、ホラアナグマではその傾向はまさしく頂点に達していたようである。フランスの古生物学者アルベール・ゴードリーはホラアナグマのことを「食肉目の動物の中で肉食性が最も弱く、クマ類の中で最もクマらしいクマ」と呼んでいる。

ホラアナグマの大臼歯は、非常に長くなり、そして大きくなっていて、ホラアナグマが食べられる食物なら何でも噛み砕くという骨の折れる仕事をしていたことは明らかである。年老いたクマの歯はすり減って古い切株のようになっており、ついには歯冠*15全体がすり減ってなくなってしまうだろうし、最後には歯根*16もすり減る。このような状態は非常に年老いたヒグマ、あるいはアメリカヒグマでときどき見ることができるが、ホラアナグマの頭骨ではごく普通に見られるのである。

このような歯の状態は、植物質のものを食べることで生じたことはまず間違いがない。なぜなら動物の細胞に比べて、植物の細胞を食べるためには、はるかに多く噛むことが必要だからである。われわれは野菜を食べるとき、煮たり、火であぶったり、焼いたり、あるいは生の野菜ならすりおろしたりすることで細胞壁を壊している（すりおろしは、あらかじめ噛み砕いておくようなもの）。そのため、われわれはそれらを咀嚼しても歯がすり減る

---

*15　*12を見よ。

*16　*12を見よ。

ことはないのである。このような芸当は、ホラアナグマにできるはずもなく、ホラアナグマはもっぱら自分の持っている大きな噛み砕き器のような大臼歯に頼っていた。このことはもちろん、火を使うことを発明する以前の初期人類でも同様で、その大臼歯はわれわれの大臼歯の2倍の大きさに達していた。

ホラアナグマでは、噛み砕きをする一連の頬歯（小臼歯の中で最も後ろにある第4小臼歯を含む）の前に、歯の生えていない歯肉が前方に向ってのび、大きな犬歯とよく発達した切歯がならんでいるところまでのびていた。このような歯のない部分を歯隙と呼び、ホラアナグマの歯隙はもともと前方の3本の小臼歯が生えていた場所に当たる。ヒグマでは、まれに前方の小臼歯3本全部が残っていることもあるが、そのような小臼歯のいくつかはまだ、小さな釘のようなものとして残っている。しかしホラアナグマでは、ごく稀な例外はあるが、それらすべてがなくなっている。このようなホラアナグマの歯の状態を、小臼歯が鋭く、ものを切り裂く働きをしているイヌ、あるいは小臼歯が骨を砕く強力な装置になっているハイエナの状態と比べてみよう。明らかに、クマ類は非常に異なった進化の道筋の上にいて、ホラアナグマはその最高点にいる。つまり「最もクマらしいクマ」であることがわかるのである。

ホラアナグマの歯を見ると、歯の主な動きが歯列、つまり噛み砕くための大きな装置の比較的後方で起こっていることがわかる。ところで、すべての哺乳類では噛むために顎や歯だけではなく、筋肉もまた必要である。顎を閉じたり開いたりするためや、ものを噛み砕くのに顎を互いに向かい合わせて動かすための筋肉がいるはずである。

口を開くのには、それほど大きな力は必要ない。なぜなら下顎骨はそれ自身の重みで下がって口が開くであろう。そのことは、人間がとても驚いたとき、その影響で筋肉がゆるんだことでも起こりうる。したがって、下顎骨下縁から後方へ頭骨の底部にのびる二腹筋は比較的弱い。二腹筋が収縮すると、それが下顎骨を下方や後方に引っ張る。

一方、顎を閉じるときには大きな力が必要で、この働きは2つの強力な筋肉が行う。その一つは咬筋で下顎骨から上側方にのびて、頬の部分にあ

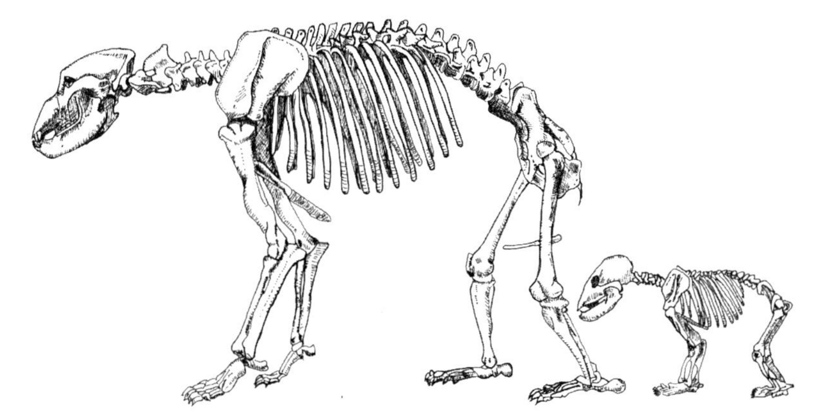

図 6　ホラアナグマの成獣と 7 ケ月の幼獣の骨格。成獣の骨格は寄せ集めてつくられたもの。エーレンベルクによる幼獣の骨格はオーストリアのある洞窟で発見されたもの。（サイトウユミによる描き直し）

る幅の広い頬骨弓に付着している。方向が斜め上側方なので、咬筋は顎を閉じるだけでなく、顎を横方向へ引っ張ることもでき、それが噛み砕く動きになる。

ものを噛むことに関わっているもう一つの筋肉は、下顎骨、特に下顎枝*17 の部分（筋突起）からのびる側頭筋で、頭骨の頂部や後部へのび、その筋線維は強力な層状の構造をつくっている。頭骨の頂部に沿ってのびる稜をつくるのはこの筋肉で、下顎骨はこの筋肉で頭骨に据えつけられており、さらにこの筋肉はずっと後方にあって頭骨を横切る方向にのびる稜にも付着している。

咬筋や側頭筋の発達と、それらの必要度は、頭骨の構造に大きく影響する。もし、横方向への強力な噛み砕き運動が必要になれば、頬骨弓はホラアナグマでそのようになっているように、側方へ大きく張り出すことになる。側頭筋に関しては、その発達は最大のひずみの力が歯列のどの部分にかかるかによって影響を受ける。もし、ひずみの力が顎の前方にかかれば、側頭筋の線維はほとんど水平にのびるだろうし、側頭筋は主に筋突起を頭

*17　下顎骨の後部で上方へのびる板状の部分のことで、クマ類の場合はその大部分が側頭筋の付着する筋突起となっている。この部分には他に顎関節の関節面がある関節突起と、後方に向って突出した角突起がある。図 40 や図 41 でこれら 3 つの突起がよくわかる。

骨後部へ引っ張ることになる。食肉類で2つの例をあげるとすると、このようなことはネコ類やハイエナ類にあてはまり、霊長類で1つの例をあげるとすると、類人猿があてはまる。一方、歯の働きが顎の後部で行われていると、筋肉の線維はより垂直に近くならなくてはならないし、下顎を引っ張る主な力は頭骨の頂部に向かうことになる。ホラアナグマはこのような場合に当てはまり、このことはわれわれ人類にも当てはまる。このことから、ホラアナグマの頭部が横から見たときに特別な形をしている理由がわかるのである。

筋肉には、ある長さが必要である。もしある動物が低く長い頭部を持っていて、ものを噛むための筋肉を垂直にする必要があるとすると、そのような筋肉を十分に長くする唯一の方法は頭の頂部を高くすることである。ヒトでは、このようなことは問題ではない。脳が非常に拡大しているので、ヒトの頭骨は非常に丈が高く、側頭筋の伸長に必要な高さよりはるかに高くなっているからである。ホラアナグマは、それとは異なる。その脳は、拡大した頭骨を満たすには圧倒的に小さすぎ、堅固な骨で高くすると頭骨は重くなりすぎる。だから頭骨には多くの空洞があるのである。脳頭蓋*18の頂部は高くなるが、吻の頂部を高くする必要はない。だからホラアナグマの頭骨は、横から見ると鼻の部分が低く、高い位置にグラベラがあって段差のある形をしている。

このように、ホラアナグマでは噛み砕くための大きな歯と前頭部が丸くふくんでいることとの間には直接の関係がある。ヒグマでは噛み砕くための歯がそれより小さく、頭骨を横から見た輪郭は平らになっているか、やや段差になっている程度である。そしてホッキョクグマでは、後部の歯はさらに貧弱であるが、裂肉歯はかなり強力である。前頭部は完全に平らになっていて、頭骨は非常に長く、丈が低く、ほとんど平板な形になっている。

ネコのような肉食性の食肉類では、上・下顎の頬歯はハサミの刃のようにすれ違いの動きをする。もし頬歯の基部に沿った線を引くとすると、そ

*18　ここでは、わかりやすいように "the crown of the head" を脳頭蓋と訳した。脳頭蓋とは、吻より後ろの頭骨の後部のことで、主に脳の入っている部分を指す。

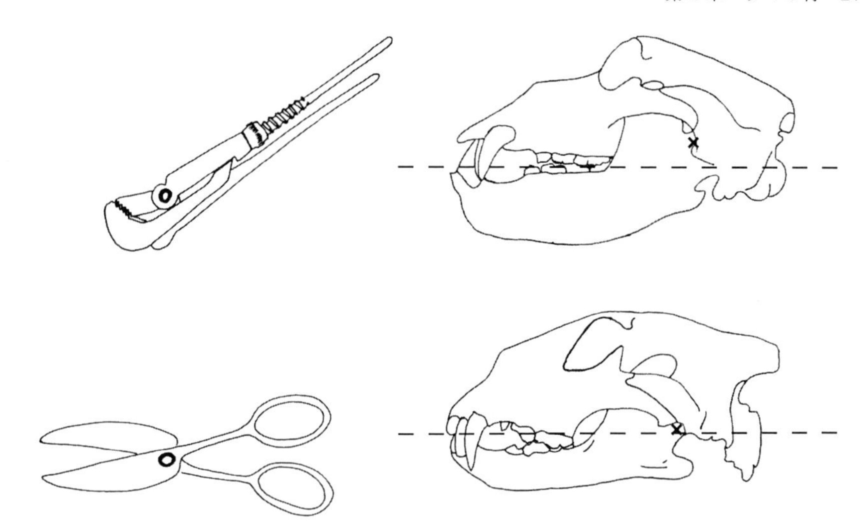

図7　ホラアナグマの顎の仕組みは、スパナのそれに比較され、顎関節の軸（×の印）は頬歯の咬合面*19より上にある。それとは対照的にネコ類（下の図はライオンの例）の頭骨ではその軸は頬歯の咬合面と同じ面にあり、その働きはハサミのそれに似ている。（サイトウユミによる描き直し）

の延長線上に顎関節の軸があるであろう。もしホラアナグマで同じような線を引いたとしたら、顎関節はその線よりかなり上になるであろう。そして、そのことはホラアナグマの下顎骨の下縁が強く曲がる原因となっている（図7参照）。

ハサミの動きでは、2枚の刃がある1時点では1点のみで、互いに相手の刃に作用している。この1点は、はさみが閉じるにつれて前方へ移動する。しかし、ひと組の歯全体が同時に動くクルミ割りのような作用が必要な場合は、作用の中心は、歯の高さよりかなり高いか、かなり低い所に位置しなくてはならない。これは、雑食性の動物や、特に植物食の動物に適した型の歯の動きであり、ホラアナグマばかりでなく蹄を持ち草を食べる動物（ウマやレイヨウ、スイギュウなど）に見られる。われわれ人間は言うまでもない。

*19　歯の咬み合う面のことで、図7のホラアナグマの頭骨の図でよくわかる。ライオンの頬歯ではハサミのように斜めに咬み合うので、側方から見た図ではやや上方に描かれていると思われる。

だから、ホラアナグマの頭骨の特徴は、大部分が摂食の習性に結びついており、その特徴は高度に適応的で、自然選択によってもたらされたものであり、偶然の産物ではないことがわかる。

ホラアナグマの頭骨をこのように詳しく見た後に、その体の残りの部分についてごく簡単に考えてみよう。多くの読者は、野生のものでなければ動物園でヒグマあるいはアメリカヒグマを見たことがあるだろう。それはずんぐりしていて非常に強い動物であるが、驚くほど機敏に動く動物だと記憶しているだろう。ホラアナグマは最大のアメリカヒグマ、あるいは最大のヒグマの大きさに達したが、ホラアナグマとそれらは体の比率が異なっていた。ホラアナグマは鼻先から尾の付け根までの長さが5フィート（1.6m）を超え、肩高は4フィート（1.2m）ほどであった。このような数値は平均的なオスのものを表しており、メスはこれより目立って小さかった。

もし、普通のクマが頑丈な体を持っていると想像するなら、樽のような体を持つホラアナグマはその頑丈さを極端にしたようなものであった。大きな頭部は、ほどほどに長い首の先についており、明らかに地面に近い位置に吊り下げられたようになっていることがしばしばであった。前・後肢は比較的短いが、非常に強力で、幅が広く短い足部を持ち、それはヒグマやアメリカヒグマのものより鋭く内側に曲がっていた。足部には強力なカギ爪があった。それはアメリカヒグマのものより短かったが、非常に頑丈で、攻撃や防御のためだけでなく掘るためにも使われていたのであろう。ホラアナグマの前・後肢と足先の骨は、ヒグマのものよりはるかに頑丈で重々しいので、容易にホラアナグマのものだとわかる。

ホラアナグマの足部の幅が非常に大きかった直接の証拠がある。それは、洞窟の軟らかい堆積物に残された、あるいはいろいろな洞窟の床や壁に残されたひっかき傷の形である。いくつかの場合、ホラアナグマが洞窟の湿った床面で滑って、そのような傷跡がついたのであろう。普通のひっかき傷は3本から5本で、最も外側と内側の傷の間の長さは5.5インチ（14cm）に達する。現生のヒグマでは、それに対応する長さは約3.9インチ（10cm）である。

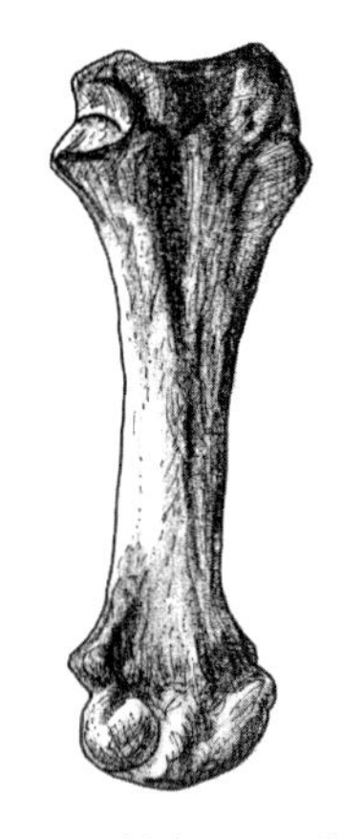
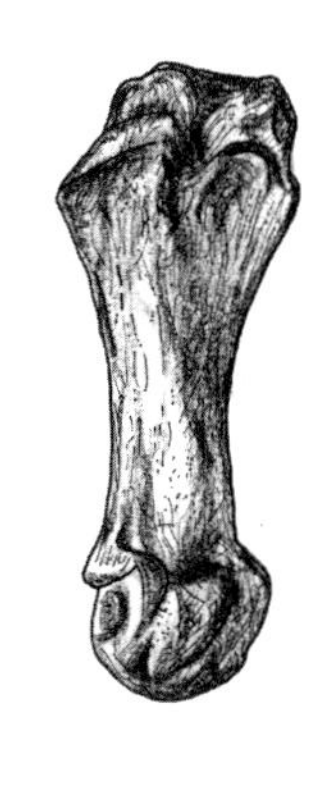

図8　ホラアナグマの足骨（右）をヒグマのそれと比べると、ホラアナグマのそれは短く太いことで区別される。図の骨は後肢の第1指中足骨（内側の指の根元にある中足の骨）である。ホラアナグマの骨はソビエト連邦のオデッサ[*20]で産出したもの。ヒグマの骨はイングランドのデボンで現在から数えて2番目の氷期（ザーレ氷期）[*21]に生息していた個体のもので、トーニュートン洞窟で発見された。（サイトウユミによる描き直し）

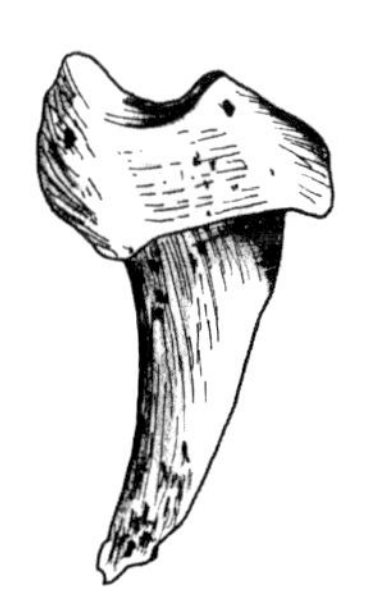
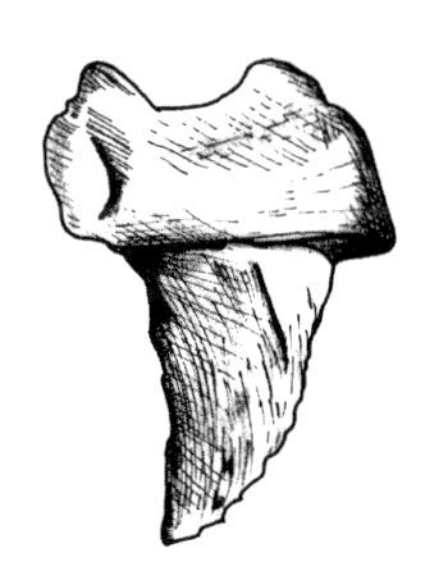

図9　ホラアナグマと現生のヒグマのカギ爪の部分の指骨。ホラアナグマでは、この骨も相対的に短く頑丈にできていることは明らかである。（サイトウユミによる描き直し）

ホラアナグマの前・後肢の各部分の比率を見ると、ゆっくり体をゆすって歩く足取り[*22]だったという印象強い。4本足の動物では、前・後肢のそれぞれに3つの主要な部分がある。例えば、後肢は大腿部と下腿部、それ

[*20] 第5章の訳注[*8]を見よ。

[*21] 44ページの表を見よ。

[*22] 原文では、rolling gait となっていて、この歩き方はまさに典型なブルドッグの歩き方である。河村・河村（2011）の1.2節参照。

に足部から成り立っている。それらの長さの関係は、その動物が動くときの様子を知るためのよい手掛かりとなる。大腿部が短く、下腿部が長いのは、後肢を前後に動かす筋肉のてこが短いことを意味し、その結果として、走るのは速いが、その力はあまり強くならない。このような構造を持つのは、キツネのように軽快ですばやい動物である。対照的に大腿部が長く、下腿部が短くなっている場合は、力強いがゆっくりした動きをすることを意味し、おそらくは体重が重くゆっくり動く動物であることを示している。

実際に、ホラアナグマがヒグマやアメリカヒグマよりはるかに長い大腿部をもち、より短い下腿部と足部を持っていたということを発見しても、何ら驚くべきことではない。前肢についても同様で、上腕骨（腕の上部の骨）は非常に長く、前腕部や手部は比較的短い。

ホラアナグマの体重はどのくらいだったのだろうか。このことは、いろいろな方法で見積ることができる。1つのよい用法は、ホラアナグマの生体を念入りに復元した彫像をつくることである（スイスのバーゼル自然史博物館*23には素晴らしい彫像がある）。そしてその彫像の体積を、それを水中に沈めることで測定する。ホラアナグマの体重を算出するためには、現生のクマの比重を知ることも必要である。私の知っているところでは、このようなことはまだクマ類では行われていないが、いくらか類似した研究は絶滅したいくつかの恐竜の体重を推定する試みとして、恐竜の復元像とワニを用いて何年か前に行われている。

ホラアナグマの体重は、その骨格をつくるいくつかの骨から直接推定することもできる。例えば、四肢骨はその動物の体重を支えるために丈夫でなくてはならないし、体重が重くなると骨も厚くならなければならない。ホラアナグマの大腿骨（太ももの骨）の断面とヒグマのそれを比較すると、ホラアナグマのオスの方がヨーロッパ産のヒグマのオスのそれより2.5〜3倍厚い。後者の体重は平均で約350ポンド（160kg）なので、ホラアナグマ

---

*23 バーゼルのライン川畔にあるスイス屈指の自然史博物館で、古くから収集された哺乳類化石のコレクションがある。訳者の一人河村善也は、1998年にこの博物館を訪れて化石標本の観察を行ったことがある。

の体重は約900から1000ポンド（400～450kg）でなくてはならない。このような推計は大型のオスのかなりやせた個体に関するものであり、晩秋に巣穴を捜し求めて体重が重くなっていたと思われる時期の特に太ったクマのものではない。一方、より小さなホラアナグマのメスは、おそらくオスの体重の半分をやや超えるほどの体重であった。

クマ類の多く、特に小型種や大型種でも若い個体は木登りがうまく、しばしば樹木を好む。ホラアナグマの体重や体のつくりは、それがうまく木に登る動物ではなかったことを示しており、そのことは肩甲骨の分析からも確かめられている。肩甲骨の形は、木登りに使う筋肉が比較的少なく、歩いたり掘ったりするのに使う筋肉は強力であったことを示している。

今やホラアナグマのイメージが、とてもはっきりしてきたのである。大きく重々しく、のしのしと歩き、たいていは吻を地面に近い所で動かしているクマを目に浮かべることができるようになった。ホラアナグマは、木

図10　マーガレット・ランバートによるホラアナグマの復元図。クルテンの著作から引用。（SOLVAによる描き直し）

に登らないが（おそらくは仔グマを除いて）、高山地帯をたやすく移動していたのであろう。ホラアナグマの食物は、おそらく汁の多い植物や漿果、地中から掘り出した根や塊茎、やわらかい草、小動物などであったのであろう。そしてホラアナライオンやヒョウやホラアナハイエナのような、より強力な捕食者が仕留めた獲物の死体には見向きもしなかったのは、確かなのであろう。

原著の註

アーベルとキルレの編集したミクスニッツに関するモノグラフ（Abel and Kyrle, 1931）には、ホラアナグマの解剖学的な特徴について多くの情報が載せられている。また、エーレンベルクの論文（Ehrenberg, 1931, 1935a, b, 1942, 1964, 1966）やエルドブリンクの本（Erdbrink, 1953）、モットゥルの論文（Mottl, 1933）も参照せよ。恐竜の体重はコルバートによって推定された（Colbert, 1962）。ホラアナグマの体重はクルテンが推定している（Kurtén, 1967a）。

第3章
起　源

ホラアナグマほど膨大な数の化石から知られている絶滅動物は少ない。そのように豊富な化石の情報があるので、その解剖学的な特徴や生活史については、他に比べるものがないほど詳細なイメージを組み立てることができる。同じことがホラアナグマの起源についても言えるのかもしれない。その歴史のほとんどすべての段階を、500万年かそれ以上にわたって、途切れることない系列の中で、遡っていくことができる。そして、われわれはこの長い歴史の中でさらに古い時代のことも、ときには垣間見ることができるのである。

われわれの物語は、約2000万年前にはもう始まっていたのかもしれない。それは地球史の中で中新世の前期という時代[*1]のことである。場所は、今日の南ドイツのババリア山地にあるヴィンタースホッフ・ヴェストと呼ばれるところである。このような非常に古い時代には、ヨーロッパは亜熱帯の陸地であった。湿気を含んだ季節風は、今日よりも幅の狭い大西洋と今日よりも幅の広い地中海から吹いていた。ヨーロッパ大陸の多くは、豊かな森林に被われていた。ヤシの木や樟脳の木、その他多くの暖かい土地を好む植物の種が繁茂していた。川にはワニ類が多数生息しており、陸上には多くの奇妙で不格好な生物が棲んでいた。人類が発生したのはまだずっと後の時代のことで、この時期の人類の祖先にあたる動物は、アフリカ大陸だけに分布していた小型類人猿のような生きものだった。

中新世のヨーロッパの石灰岩地帯では、石灰岩に裂罅や洞窟が多数形成

[*1] 中新世は最近の地球史の年表（Ogg *et al.*, 2008）によれば、2303万年前から533万年前までの時代で、その期間は1770万年間ということになる。ここではやや曖昧にその前期と述べられているが、厳密な意味で前・中・後期に分けたときの前期中新世ということになると、2303万年前から1597万年前までである（訳者による付録1参照）。

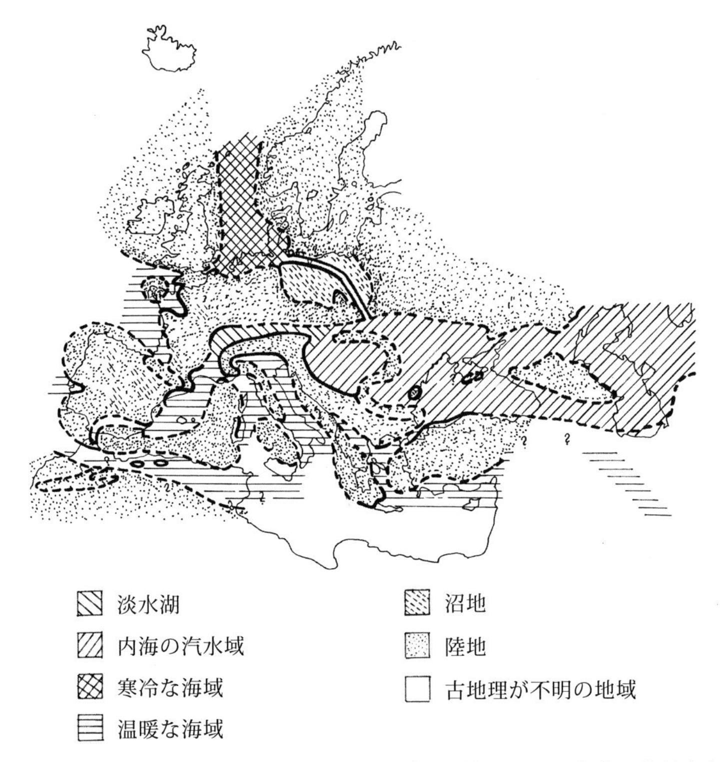

図11　中新世の中で約2000万年前のヨーロッパの古地理図で、大陸はまだ大きな内海や湖によって分けられていたことを示す。（サイトウユミによる描き直し）

されていて、多くの哺乳類や鳥類、爬虫類がそれらを隠れ家としていた。ヴィンタースホッフ・ヴェストの裂罅は小型食肉類が好んで巣穴にしていた。それらの動物の骨や歯は数多くが堆積物の中に残され、その堆積物で裂罅の空所は次第に埋め立てられていった。事実、そこからは大型のクマのようなイヌ、あるいはイヌのようなクマの化石がいくつかは見つかるが、そのような動物は、ときにはその裂罅のような洞窟で生活していたらしい。しかし、その裂罅の化石の大部分は、小さなイタチかスカンクのような動物やネコ類、それにジャコウネコ類（今日のマングースやジャコウネコに近縁であるが、初期のもの）である。

小型の食肉類の中には、フォックステリアくらいの大きさの生きものの

図12 最古のクマであるウルサブス属（*Ursavus*）が生きていたときの姿を復元した図。マーガレット・ランバートによる。（SOLVA による描き直し）

化石も見つかっているが、それはイヌでもネコでもイタチでもない。のちの科学者たちは、それにウルサブス・エルメンシス（*Ursavus elmensis*）という名称を与えた。真正のクマ類の系統はこのような小さな生きものに始まると言えるのかもしれない。実際には、まださらに時間を遡ることができる。つまり、ウルサブス属（*Ursavus*）[*2]の祖先がわかっているのである。その祖先はクマに似ているというよりはイヌのような動物で、多くの学者はそれをイヌ科の中に入れている。一方、ウルサブス属の動物は原始的なものではあるが、クマと明確に見なせる最初の動物なのである。

化石からわかることなのだが、ウルサブス属の動物は小型で、まだ小臼歯がすべてそろっていて、そのような歯はまさにイヌのそれのように、真の肉食性の特徴を示し、肉を薄く引き裂くための歯であった。一方、それの裂肉歯[*3]はすでにクマの裂肉歯のような見かけを持っており、それの大臼歯には、後の時代のクマの歯を特徴づけることになる咬合面の拡大という現象の初期の段階が見られる。

---

*2 ウルサブス属は、その中の種であるウルサブス・エルメンシスを含むグループのこと。ウルサブス属の別の種には図 13 にあるウルサブス・デレペレッティ（*Ursavus depereti*）がある。種の学名の前半の部分は属名を表しているので、これら 2 種の学名にはどちらにもウルサブスが入っていて、同じ属に属していることがわかる。生物の分類や学名については、町田ほか（2003）のコラム 6.1-1 参照。

*3 第 2 章の訳注[*14]を見よ。

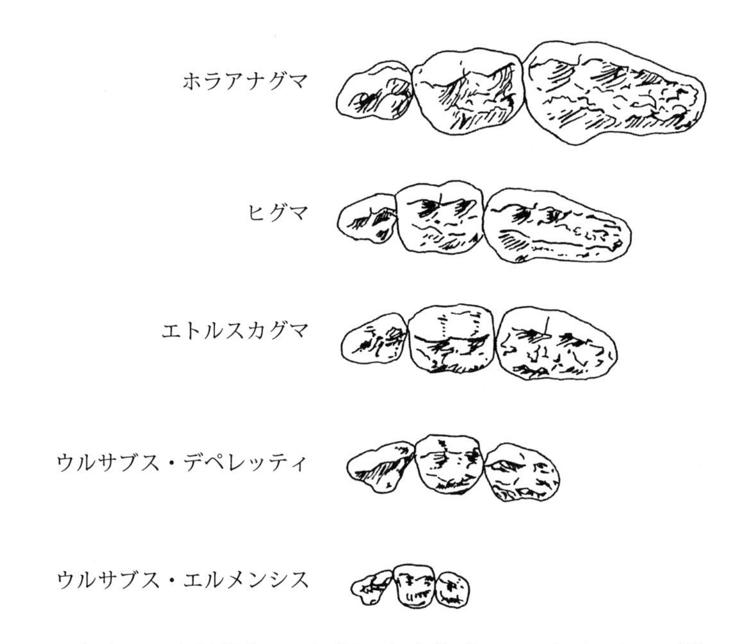

図13　いろいろなクマの上顎頬歯で、初期のウルサブス・エルメンシス（*Ursavus elmensis*）から大臼歯が次第に長くなり、サイズも大きくなったことを示している。ウルサブス・デペレッティ（*Ursavus depereti*）はウルサブス属の中で最後で最大の種。エトルスカグマすなわちウルスス・エトルスクス（*Ursus etruscus*）が、ヒグマすなわちウルスス・アークトス（*Ursus arctos*）とホラアナグマ（*Ursus spelaeus*）へと進化した。クルテンによる。（サイトウユミによる描き直し）

不運なことにウルサブス属の動物については、その歯と顎骨以外のことはほとんど知られていない。それは木に登っていたのであろうか、それとも地上で暮らしていたのであろうか。直接的な証拠はないが、われわれはほとんどのクマが、体が大きすぎたり重すぎたりしない限りは、上手に木に登る動物であることを知っている。この特性は一つの共通の祖先から継承されているのであろう。またウルサブス属の動物が暮らしていた場所は、おそらくは木が生い茂った場所であったのだろうということが知られている。だからウルサブス属の動物が少しは木に登っていたのだろうということは、大いにあり得る。ウルサブス属の食性について言えば、おそらく植物質のものとともに、昆虫や小さな脊椎動物を食べるという特徴を持っていたのだろう。その食性は今日のアナグマのそれに似ていたのかもしれない。

ウルサブス属の歴史は、何百万年も続いた中新世を通して続いている。時間が経つにつれて、ウルサブス類がどのようにして徐々に大型化し、同時にどのようにしてその大臼歯が拡大して、よりクマらしくなったのかをわれわれは知ることができる。しかしその間には、風景やその場所に棲む他の生物も変化していった。たいていの場合、もちろんこのような変化のすべては、極端にゆっくりとしたものだった。何千年も何千年もが過ぎても、まだ依然としてすべてが同じなのである。十万年か百万年が過ぎてようやく、変化がかろうじてわかる程度のものだったのかもしれない。

しかし、その間にはいくつかの劇的な出来事もあった。まだクマの祖先であるウルサブス・エルメンシスの時代であった1800万年前頃に、それらの出来事の一つが起こった。そのときまでは、アフリカ大陸だけにいたある注目すべき動物の一群が、その時期にヨーロッパやアジアに首尾よく進出することができたのだ。のちに、このグループは北アメリカでも見られるようになる。それはマストドン類のことで、今日のゾウと近縁な動物であり、その祖先でもあった。中新世中期とそれ以後には、この大型動物がユーラシアで支配的な動物となり、多くの異なる種に進化した。

次に起こったヨーロッパへの動物の顕著な侵入は、何百万年も後（現在から1250万年前）に起こった。それはアフリカからではなく、北アメリカからのものである。北アメリカ大陸は何百・何千万年もの間、ウマ類の進化の中心であったが、そこからは時おり、新型でより進歩したタイプのウマ類がアラスカと東シベリアの間にできた非常に細い陸地*4を通って、旧世界に侵入し、そこで定着した。このようなものの中で、中新世後期の移住者としてはヒッパリオン属（*Hipparion*）の動物が有名で、それはアジアやヨーロッパ、そしてアフリカの広大な地域に急速に拡がり、中新世のより早い時期に北アメリカから旧世界に入っていた古い型のウマ類を急速に駆逐してしまった。ヒッパリオン類は、3本の指を持つウマの中では最後に繁栄した種類で、現生のウマやシマウマやロバのように蹄がたった1個ではなく、それぞれの

---

*4 現在のベーリング海峡とその周辺を含む地域にできた陸地のことで、ベーリング陸橋と呼ばれる。さらに周辺の広い地域を含めてベーリンジアと呼ばれることもあり、町田ほか（2003）の6.3.1項で解説されている。

足に3個の蹄を持っていた。ヒッパリオン類は、北アメリカから最新型の一本指のウマ類[*5]が移住してきて旧世界に拡がったことで衰退してしまうまでの1000万年を超える期間、ユーラシアでずっと繁栄していた。

旧世界の初期のヒッパリオン動物群[*6]は、最後で最大のウルサブス属のクマと共存していた。しかし、このときにはウルサブス属よりいくらか進歩した型のクマも生息していた。これまでに発見され、その存在を示す唯一の証拠になっているのはたった1個の歯なのである。それはスペインのバロセロナの近くにあるサバデルという繁栄した都市の郊外にあるカン・ロバテレスという有名な化石産地から産出した。この産地から産出した膨大な化石骨には、少なくとも70種の哺乳類が含まれていて、特にテナガザル類や大型の類人猿が豊富に含まれていることは目立った特徴である。明らかなことだが、これらすべての動物が生息していた1200万年前には、カン・ロバテレスは、大昔に絶滅してしまった多くの珍しい動物が棲む大森林がまだ生い茂った亜熱帯の地域だったのである。

すでに述べたように、そのクマはたった1個の大臼歯だけで知られているのだが、その大臼歯にはたまたま、最も特徴的な形質の一つが見られるのである。このカン・ロバテレスのクマは同じ時期のウルサブス類よりも明らかに進歩していたが、真のクマであるクマ属（*Ursus*）の進化段階には達してはいなかった。だから、この動物はプロトゥルスス・シンプソニ（*Protursus simpsoni*）と呼ばれてきた[*7]。それは牧羊犬ほどの大きさで、おそらくウルサブス・エルメンシスのような初期のウルサブス類の一つの種類に由来し、おそらくはクマ属の祖先となったものであろうが、科学者たちがより多くの化石を見つけるまでは、

---

*5 ウマ属（*Equus*）のことで、現生のウマやロバやシマウマなどの種が含まれる。

*6 ヒッパリオン動物群は、ヒッパリオンに伴う特徴的な動物群で、中新世後期から鮮新世にユーラシアやアフリカで栄えた。ヒッパリオンのほかに、多くの草原棲の哺乳類を含んでいる。

*7 この学名の前半部分（プロトゥルスス）は、真のクマを表すウルスス（*Ursus* = クマ属）とはなっていないので、それとは別の属に属していることがわかる。プロトゥルススという名称はプロト（proto）とウルスス（ursus）を組み合わせて作られた名称で、 proto は「原始的な」、「もとの」などという意味の接頭語である。したがってこの属名は、真のクマより原始的な特徴を持ったクマの意味になる。

それに関してそれ以上のことはほとんど何も言えない。

約1000万年前、世界の気候に顕著な変化があったが、それは乾燥化の始まりであった。多くの地域で、何百万年、何千万年も存在し続けた広大な森林が消滅し、サバンナやステップや砂漠が拡がった。このような変化の中で、森林での生活に適応した多くの動物がうまく生活していけなくなってしまったのである。しかし、一方では開けた平原に棲む動物、つまりレイヨウ類やヒッパリオン類やその他の多くの動物にとっては黄金時代が訪れた。

クマ類は、一般には森林棲の動物で、そのためにそれに続く2～3百万年の間にクマ類のいくつかの種類は見られなくなってしまった。最後で最大のウルサブス類は絶滅する前に、しばらくの間は、生き残るために苦闘していたことがわかっている。そのようなウルサブス類から初期の側枝として分化した巨大なクマのインダークトス属（*Indarctos*）は、北アメリカに拡がっていたこともわかっている。しかし、カン・ロバテレスのプロトゥルスス属の動物に始まったその後の進化の系列は、われわれが研究してもわからなくなってしまい、われわれが再びその系列に出会う前に中新世は終ってしまう。

われわれは今や、地球史の中で約500万年前または約600万年前に始まる鮮新世[*8]という時代にいる。舞台はフランス南部のルシヨンとペルピニャン（そしてハンガリーの同時期の化石産地）へと移っている。そこではクマ属の最初の構成員が見つかる。それはウルスス・ミニムス（*Ursus minimus*）という名前をもち、実際この属の中で最も小さく、最も原始的な種である。それは、おそらく現生のクマ類の中で最も小さなマレーグマく

---

*8　鮮新世については、最近の地球史の年表（Ogg *et al.*, 2008）で、533万年前から259万年前または181万年前とする2つの説が紹介されている。鮮新世の終わり、つまり鮮新世とそれに続く更新世の境界の年代を前者のように259万年前と考えると、鮮新世は274万年間と短くなり、後者のように181万年前とすると352万年間とかなり長くなる。鮮新世と更新世の境界については、このような2説が長らく議論されてきたが、2009年以降は国際地質科学連合の勧告にもとづいて、前者のように境界を259万年前とし、鮮新世を短くする考え（逆に更新世はかなり長くなる）が一般に採用されている（訳者による付録1参照）。この経緯については、遠藤・奥村（2010）などに解説されている。

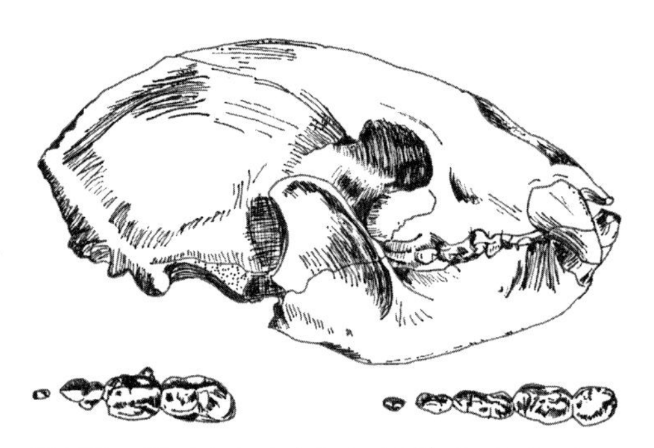

図14　南フランスの鮮新世の地層から産出した小型で祖先型のクマ、ウルスス・ミニムス（*Ursus minimus*）。図には保存されていた頭骨と下顎骨が示されており、それに上顎頬歯（下の左）と下顎頬歯（下の右）の詳細も示されている。ヴィレーによる。（サイトウユミによる描き直し）

らいの大きさであった。

大きさ以外で、ウルスス・ミニムスとマレーグマの類似性はあまりない。例えば、もしマレーグマをじっくり見たとしたら、それの目立って頑丈な犬歯に気付くかもしれない。それとは対照的に、鮮新世のウルスス・ミニムスは細長く華奢な犬歯をもっている。ウルスス・ミニムスの小臼歯は、古い時代のウルサブス類のそれほど顕著ではないけれども、全数そろっていて、鋭くとがったままで、肉を薄く切り裂くための特徴を持っている。他方、大臼歯はより大きくなっていた。だからわれわれには、何百万年も前に始まったそのような傾向が、たいへんゆっくりと緩やかに真のクマの状態に向ってどのように連続しているのかがわかるのである。

ウルスス・ミニムスの時代には、世界はすでに氷河時代の出発点にあった。当時の気候は中新世よりも寒冷であった。そして何百年、何千年が過ぎて、気候はゆっくりと、寒冷化と温暖化を繰り返した。高山や極北の地域では、このような気候の周期的変動で氷帽が拡大したり消滅したりした。

最初にクマ属の動物が棲んでいた森は、中新世のウルサブス類がいた亜熱帯の世界とはまったく異なっていた。そのような森林は落葉樹と針葉樹が生えている温帯型の森林であった。ヤシの木は今やピレネー山脈やアルプス山脈より北では見られなくなっていて、川ではワニ類がいなくなっていた。鮮新世を最後に、長く続いた第三紀はついに終りを迎えることになった。そして、はるか南のアフリカでは、注目すべき新型の二足歩行の動物[*9]の小さな群れが、小さな獲物を仕止めるために石や棒を使い、すでに地面の上を歩き回っていた。しかし、人類とクマの最初の出会いは、まだずっと後のことだった。

氷河時代が近づくと、あたかも世界の出来事の速度が速くなったように思われる。約400万年前には、大型のウシに似た動物がはじめて登場した。そのような動物は後にバイソンやスイギュウ、オーロックス[*10]のもとになった。いくらか後になると、アフリカからユーラシアに長い鼻をもった動物で新型の種類が移住してきた。ゾウ類やマンモス類である。地球史の新たな章が、まさに書かれつつあった。このような時期は氷河時代の前ぶれの時代であり、ビラフランカ期と呼ばれる[*11]。

ビラフランカ期の前期には、ウルスス・ミニムスは少し変化したものの、同じ種がまだあちこちで見られる。ウルスス・ミニムスは以前のものよりもいくらかは大型になり、そして歯にもまた、ほとんど気付かれないほどのものではあるが、小さな変化があった。この種に属するクマは旧世界に広く分布し、北アメリカでの最近の発見によって、この種かそれに非常に近いものが北アメリカにもいたことがわかっている。体色が黒い現生の2種のクロクマ[*12]、つまりアメリカのもの（アメリカクロクマ；*Ursus americanus*）とヒマラヤのもの（ツキノワグマ；*Ursus thibetanus*）は、おそらくウルスス・ミニムスに由来するのであろう。

約300万年前のビラフランカ期の前期には、蹄が1個のウマ類がアメリ

---

*9　人類のことで、陸棲脊椎動物には他にも二足歩行をするものがいるが（例えば、恐竜には二足歩行のものが少なくない）、人類の歩行様式は直立二足歩行と言われるように、それとはまったく異なった歩行様式である。

*10　野生のウシで、家畜のウシの祖先。17世紀に絶滅したとされる（第4章と河村・河村、2011のコラム4.1参照）。

*11　ビラフランカ期（Villafranchian age）は、西ヨーロッパでの陸棲哺乳類化石による時代区分で、鮮新世の後半から前期更新世にかけての時期（訳者による付録1の表参照）。その名称はイタリア北部の地名に由来する。哺乳類化石による時代区分については、町田ほか（2003）の6.3.5項参照。

*12　第8章の訳注[*10]を見よ。

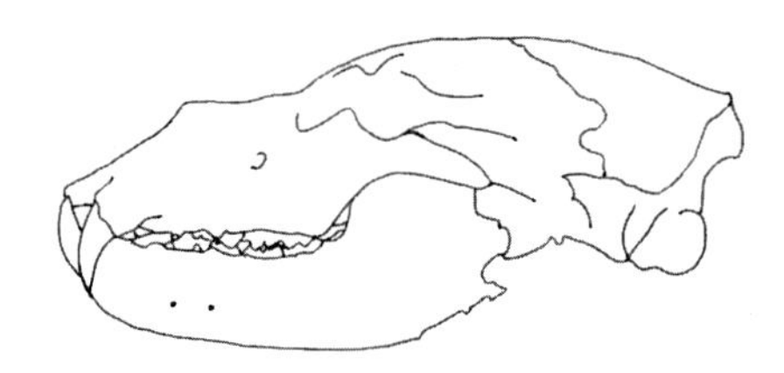

図15　北イタリアのバル・ダルノから産出したエトルスカグマ、すなわちウルスス・エトルスクス（*Ursus etruscus*）の頭骨。現生のヒグマに近縁であるが、それよりいくらかは原始的な歯をもっていた。原標本はバーゼル自然史博物館にある。（サイトウユミによる描き直し）

カから旧世界に拡がり、急速にユーラシアとアフリカに入り込んでいった。古型のヒッパリオン類はしばらくの間、生き残っていたが次第に駆逐され、ついには絶滅してしまった。

約250万年前のビラフランカ期の中期までに、ウルスス・ミニムスは新しい種になったと言えるほど十分に進化していた。その新しい種はエトルスカグマ（ウルスス・エトルスクス；*Ursus etruscus*）で、ビラフランカ期後期の典型的なクマである。この種の特徴はスペイン、フランス、イタリアから産出した数多くの化石から知られているが、この種は中国にも分布していた。もちろんその体色はわからないが、生きているときにはおそらく現生のクロクマに似ていたのだろう。ビラフランカ期を通じて、エトルスカグマには大型化する傾向が続いた。ビラフランカ期後期のものはビラフランカ期中期のものよりも大きいのである。

エトルスカグマのいた時代の世界ではすでに、時おり大陸に氷床が発達し、それは気温が上昇したときにだけ融解した。氷河時代は近かった。そして、振り子のように変動する気候は完全な氷期の状態と、気候が現在と同じか、それ以上に暖かい間氷期の間で揺れ動いていた。そして、そのような初期の間氷期の一つの時期にあたる約150万年前になって、われわれは最後のエトルスカグマに出会うのである。

この間氷期は、その時期の堆積物が豊富にあるオランダの化石産地テゲレンを表す古代ローマ語の名称にちなんで、ティグリア間氷期*13と呼ばれる。エトルスカグマは、今やヨーロッパの現生のヒグマと同じくらいの大きさになっていたが、それでも古い時代のウルサブス類や、それのイヌのような祖先から受け継いだ全数そろった小臼歯（非常に小さいものだが）をまだ持っている。

ティグリア間氷期になって、ビラフランカ期は終わりを迎えたと言えるのかもしれない。氷河時代の序幕は終って、われわれは地球史の中の更新世*14と呼ばれる真の氷河時代の中にいる。

ティグリア間氷期が終って、アルプス山脈では、氷河が大きくなって合体し、氷舌が谷に沿って下方へ進出するようになる。氷河はさらに大きくなり、ついには氷原からかろうじて突き出した少数の頂きを残して山を飲み込んでしまう。世界中が再び氷期となり、それはドナウ（ダニューブ）氷期*15と呼ばれる。

あたかも凍りついた静けさの中に固定されたような地球上の広大な地域で、何千年もの時間が過ぎ去っていった。その後、再び気候の変動がやってくる。氷河は溶けて後退し、最近まで氷の下にあった地域が氷の下から現れて動植物が生育するようになる。ティグリア間氷期にその祖先が棲んでいた土地に戻ってきた動物の中に、エトルスカグマの子孫が見つかる。そ

---

*13 44ページの表の左側に示されたティグリア間氷期からヴァイクセル氷期に至る第四紀の氷期・間氷期の編年（括弧内のアルプスのもの以外）は、北西ヨーロッパの氷河性堆積物と温暖期の堆積物の編年にもとづくもので、地域を北西ヨーロッパに限定した編年では今日でも使われている。ただ近年の研究ではティグリア間氷期、ワール間氷期、クローマー間氷期のように内容が曖昧で温暖期と寒冷期を含むかなり長い時期にあたるものもあることがわかっている（訳者による付録2の図参照）。

*14 更新世は、訳注*8で述べたように鮮新世に続く時代で、2009年以降は鮮新世を短くして更新世を259万年前から約1万年前までの時代とすることになっているが、原著が書かれた当時には鮮新世を長くする考えが有力であったので、原著はその考えに従っている。なお、更新世に続く完新世は約1万年前から現在までの時代で、更新世と完新世を合わせて第四紀と言う。訳者による付録1の表参照。

*15 アルプス北麓の氷河性堆積物とそれのつくる地形にもとづいて考え出された第四紀の氷期・間氷期の編年で、ビーバー氷期の後で、ギュンツ氷期の前にあたる氷期（44ページの表）。ビーバー氷期からヴュルム氷期に至るこのような編年は原著の書かれた1970年代頃までは世界標準の一つとして広く用いられていたが、その後はそれよりはるかに精度の高い酸素同位体比変化曲線にもとづく編年が広く用いられている（訳者による付録2参照）。

ヨーロッパと北アメリカにおける一連の氷期・間氷期（互いを仮に対比した）

ヨーロッパ*	北アメリカ
ヴァイクセル氷期（ヴュルム氷期）	ウィスコンシン氷期
エーム間氷期	サンガモン間氷期
ザーレ氷期（リス氷期）	後期イリノイ氷期
ホルシュタイン間氷期	？
エルスター氷期（ミンデル氷期）	前期イリノイ氷期
クローマー間氷期	ヤーマス間氷期
（ギュンツ氷期）	カンザス氷期
ワール間氷期	アフトン間氷期
（ドナウ氷期）	後期ネブラスカ氷期
ティグリア間氷期	？
（ビーバー氷期）	前期ネブラスカ氷期

*括弧内の名称は、アルプスでの氷期の名称

れは、すでにエトルスカグマから変化していたので、さらに進化が 1 段階進んでいたのである。エトルスカグマでもすでにかなり小さくなっていた前方の小臼歯は、その動物ではほぼなくなっている。その動物のいくつかの個体では前方の小臼歯はすべてなくなっているが、他の多くの個体では 1 個かそれ以上の痕跡的な小臼歯が残っている。

このような変化に伴って、ホラアナグマの特徴を予示するような傾向、つまり額のふくらむ傾向が見られる。このような新しいクマの種はサビングマ（ウルスス・サビニ；*Ursus savini*）と呼ばれ、ワール間氷期と言われる約 100 万年前の間氷期に生息していた。その化石は、例えばイングランドの東アングリアにあるバクトンや、オーストリアのフンズハイムの裂罅のようにさまざまな場所で見つかる。このような初期のホラアナグマは十分に大型で、印象に残る動物ではあるが、真のホラアナグマに比べると、平均的にはまだはるかに小さい。

振り子のような気候の変動が再び起こって、寒冷な状態が戻ってくる。ギュンツ氷期は今から約 80～90 万年前にその絶頂に達した。ギュンツ氷期の中にあるいくつかの特に寒冷な時期の一つの時期には、おそらく東からやってきた足の長いクマがヨーロッパへ侵入し、一時的に太短い足のサ

ビングマにとって代わったという証拠がいくつかある。しかし、この侵入者がサビングマと別の種であるのか、それとも初期のホラアナグマがステップに適応して生じた亜種にすぎないのかという問題はまだ決着がついていない。2つの考えのうち後者の方が、おそらくはより可能性が高いように思われる。

氷床が溶け、クローマー間氷期の風がヨーロッパに吹くようになると、世界は再び緑に包まれる。そして人類はクマと出会うのである。

そのような出会いは、東アングリアのクローマー森林層の名に由来するクローマー間氷期に起こった注目すべき出来事の一つにすぎない。その層は木の幹や、ビーバーが作ったダムの化石や、夥しい数の骨など、化石がとても豊富に含まれる地層である。

年代学上、クローマー間氷期に起こった最も興味深い出来事はおそらく、地磁気の逆転という事件であろう。そのような逆転は、地球史の中で百万年ほどの周期で何度も起こった*16。このような逆転の証拠は、ある与えられた期間に形成された岩石の磁気的特性の中に見出される。例えば、現在形成されているすべての岩石は『正』の極性を持つが、他の時期に形成された岩石には『逆』の極性を持つものがあるかもしれない。『逆』とは、方位磁針で北が南に、南が北になっていることである。このような逆転現象で最も新しいものは、クローマー間氷期の70万年前に起こったことが知られている*17。

ドイツのハイデルベルクの近くにあるマウアーでは、クローマー間氷期のヨーロッパに人類がいたという証拠があり、そこではクローマー森林層のものと非常によく似た間氷期の豊富な動物化石群が発見されている。

---

*16　現在は磁石のN極が北を指すが、これがまったく逆、つまりN極が南を指す時期が地球史の中で何度もあった。現在と同じ状態が「正」で、その逆が「逆」であり、「正」の時期を正磁極期、「逆」の時期を逆磁極期と言い、それぞれの時期に名称が付けられている。例えば最も新しい正磁極期はブリュンヌ（ブリューヌ）正磁極期と呼ばれ、現在から約78万年前までで、約78万年前から約259万年前は松山（マツヤマ）逆磁極期と呼ばれる（訳者による付録2の図参照）。

*17　松山逆磁極期からブリュンヌ正磁極期への変化のことで、現在では約78万年前の出来事とされている。このとき「逆」から急に「正」に変わり、その後現在まで「正」の状態が続いている。

1960年代には、ギリシアのペトラロナの近くの洞窟で、人類化石に伴ってクローマー間氷期の哺乳類化石が見つかった。両方の化石産地では実際に、クマ化石がごく普通に産出しているのである。マウアーやペトラロナは、クマ化石に伴う人類化石の最も古い発見例である。

クローマー間氷期の人類化石は、多くの点でまだ非常に原始的な型の人類ではあるが、われわれ現生人類とは近縁で、おそらくわれわれの直接の祖先なのであろう。そのような人類は東アジアや東南アジアで同時期に生息し、それよりはよく知られているホモ・エレクトゥス（以前にはピテカントロプスと言われた）と呼ばれる人類に似ていたが、後期更新世のヨーロッパの人類で、クローマー間氷期の人類がその祖先となったネアンデルタール人とも似た点がある。クローマー間氷期に人類とクマの間で何があったのかということについては、われわれは何の証拠も持っていない。

クローマー間氷期のクマは、ホラアナグマとしては十分に進化したものと見なせるかもしれない。実際、そのようなクマは祖先であるサビングマよりも大型で、より長い顎を持ってはいるが、まだいくぶん小型のクマである。そのようなクマでは額のふくらみはさほど顕著ではなく、頬歯は後期更新世のホラアナグマほど大きくなってはいない。だから、そのクマにはそれ自身の種名が与えられてきた。デニンガーグマ（ウルスス・デニンゲリ；*Ursus deningeri*）である。しかし、それを単にホラアナグマ（ウルスス・スペラエウス；*Ursus spelaeus*）の早い時期の原始的な亜種にすぎないと見なす意見も多い。ここでは、それをデニンガーホラアナグマと呼ぶことで妥協することにしよう。

しかし、振り子のような気候変動には休みはない。再び寒冷な気候のエルスター氷期になり、その後はホルシュタイン間氷期の温暖な気候に戻る。今やわれわれは現在から約30万年前にいる。その当時のクマがホラアナグマ（ウルスス・スペラエウス）であることは疑いない。その化石はドイツやフランスの洞窟の中で発見されたが、特に興味深いのはイギリスのロンドン郊外にあるスワンズクーム*18で、河成の礫層の中から良好な状態の頭

---

*18　第5章の訳注*12を見よ。

骨が発見されたことで、その礫層からは初期の人類の頭骨も産出しているのである。

ホラアナグマの系統の長い進化史を物語ることは退屈なことになるかもしれないが、それはホラアナグマの進化の証拠が実際に、いかに完全なものであるのかを、われわれによく理解させてくれるであろう。500万年前の初期の化石種であるウルスス・ミニムスから、たった数千年前に絶滅した後期更新世のホラアナグマまで、何の切れ目もなく完全な進化の系列が見られるのである。進化による移り変わりはすべての時期を通してゆっくりとした緩やかなものであり、どこで一つの種が終り次の種がどこで始まるのかを述べることは非常に難しい。どこにウルスス・ミニムスとウルスス・エトルスクスの境界を引けばよいのだろうか、あるいはウルスス・サビニとウルスス・スペラエウスの境界はどこに引けばよいのだろうか。ホラアナグマの歴史は仮説や理論ではなく、単純な事実の記録として、進化の証拠となるのである。

このような点に関して、ホラアナグマの歴史はけっして特殊なものではない。他の化石動物でも、ホラアナグマと同じような型の連続的な進化の系列が多数知られている。われわれ人類の祖先の化石のように理解の難しい化石の場合でさえ、まだ多くのことがやり残されてはいるが、科学者たちによって進化の証拠が次第に集められてきている。

私は、ホラアナグマの系統をクマ類の進化の主要な系統として取り扱ってきた。このことはおそらく正しい取り扱いであろう。それはホラアナグマが本書の主題だからという理由だけではなく、ホラアナグマが「クマの中で最もクマらしい」ものであるクマ属の系統の中の最も繁栄したものを表しているからである。それでも、クマ属の系統が、それぞれアメリカクロクマとヒマラヤクロクマ（ツキノワグマ）に至る2つの側枝を生み出したことは、これまで注目されてきた*19。いくつかの点で、これらのクロクマはエトルスカグマの進化段階に近い位置にとどまっているのである。さて、われわれはここでもう一つの側枝であるヒグマ（ウルスス・アークトス；

*19　これらのクロクマ類については、第8章の訳注*10を見よ。

Ursus arctos）に注目しなければならない。

ヒグマは一般に、より大型であること、より長くほっそりとした四肢骨を持つこと、そして最も重要な違いとして前方の小臼歯がより顕著に退化していることで、エトルスカグマとは異なっている。ヒグマが化石記録の中で最初に現れるのは中国で、そこではおおよそエルスター氷期に遡る約50万年前の堆積物から産出した化石がある。だからヨーロッパのエトルスカグマの集団からホラアナグマが興り、アジアの集団がヒグマに進化したように思われる。

このように1つの祖先種から2つの子孫種に分かれることは、進化においてはごく普通に起こることである。エトルスカグマの場合そうであったように、もし祖先種が広い地域に分布していたら、広範囲に広がった集団が異なった環境に適応し、次第に互いがより異なったものになる傾向がある。だからその種があたかも、その分布域の一つの端から他の端まで次第に変化していくような状態が現れる。相互に交配可能な個体群が途切れることのない系列をつくって互いに結びつけられているにもかかわらず、一続きの個体群の端の構成員が、あたかも異なった種のように見えたり行動したりするような状態になることさえある。このことを示す例が現在の動物群の中に数多く見られる。最も有名なものの一つに、セグロカモメとヒメセグロカモメの例があり、それらはヨーロッパでは2つのまったく異なる種のように見えたり、行動したりする。しかし、それらはシベリアから北アメリカにかけて、互いに交配可能な集団が連続することによって結びつけられている。その結果、一つの種がどこで終り、別の種がどこで始まっているのかということは、このような場合にはまったく言えないのである。

このような状態では、連続した個体群を結びつけている一つの個体群が絶滅するということが起こるのかもしれない。このようにして1つの種の中に2つの枝ができて、それらは互いに隔離され、そして十分に異なったものになるのである。エトルスカグマでは、このような状態はおそらく初期の大規模な氷期の一つがもたらしたのであろう。スカンジナビアから南へ、そしてウラル山脈に沿って押し出してきた氷床が、ヨーロッパの個体群をアジアのものから隔離し、それらの個体群は別の進化の道筋をたどることになったのかもしれない。

ずっと後になって、アジアの子孫種であるヒグマは、ヨーロッパに侵入した。ホルシュタイン間氷期とそれ以降、すなわち約25万年前以降、ホラアナグマとヒグマはヨーロッパに生息していた。ヒグマはまた北アメリカにも侵入し、そこでは今日アメリカヒグマや（アラスカ）ヒグマとして生息している。それらは今日、ウルスス・アークトスの地理的な亜種と見なされており、北アメリカ（アラスカを除く）でのそれらの歴史は、地質学的に言うと非常に短い。

われわれはまだ、クマ属の系統の中の一つの種の説明をしなければならない。それはホッキョクグマ、すなわちウルスス・マリティムス（*Ursus maritimus*）で、それは現在、完全な肉食の生活様式に高度に適応しているが、解剖学的な特徴では明らかにヒグマから受け継いだ特性を持っている。ホッキョクグマはシベリアの北極圏の海岸でヒグマの集団から興ったものかもしれないが、それはアザラシ猟に特化した。ホッキョクグマは明らかに、クマ類の現生種の中で最も新しい種である。なぜなら、最も古いホッキョクグマの化石の発見例は10万年前よりも新しいからである（そして、それはたまたまロンドンのキュー[*20]から産出したものなのである）。

このようなまったく新しい環境（クマにとって）に入って、ホッキョクグマはおそらく、その新しい生活様式に適応するための強い自然選択圧のもとで、かなり急速に進化した。このような進化は明らかに、まだ続いている。なぜなら1万年の時間は進化という現象で見たときには非常に短い時間ではあるが、最近1万年間の化石として発見されたホッキョクグマの化石は、その特徴のいくつかに明らかな変化があることを示している。

現在の世界には、クマ属の系統に属さない他の3種のクマがいる。マレーグマについてはすでに述べた。この小型の種は鮮新世のウルスス・ミニムスより大きくはなく、その解剖学的特徴は他のクマとかなり異なっているので、それ自身の属、すなわちマレーグマ属（*Helarctos*）に属すると見

---

*20　キュー（Kew）はロンドン西郊の地名で、キュー・ガーデンズ（Kew Gardens）と呼ばれる有名な植物園がある。ここの最終氷期の堆積物から産出した1本の尺骨がホッキョクグマのものとされている（Kurtén, 1964）。

クマ属の系統に属するクマの進化

時代（年前）	ウルサブス属の系統	ホラアナグマの系統	ヒグマの系統	ホッキョクグマの系統	クロクマの系統
現在（0）			ヒグマ（*U.arctos*）	ホッキョクグマ（*U.maritimus*）	ツキノワグマ（*U.thibetanus*） アメリカクロクマ（*U.americanus*）
氷河時代の終り（1万）		ホラアナグマ（*U.spelaeus*）			
ホルシュタイン間氷期（30万）		ホラアナグマ（*U.spelaeus*）	ヒグマ（*U.arctos*）		
クローマー間氷期（70万）		デニンガーホラアナグマ（*U.deningeri*）			
ワール間氷期（100万）		サビングマ（*U.savini*）			ツキノワグマ（*U.thibetanus*）
ティグリア間氷期（150万）		エトルスカグマ（*U.etruscus*）			アメリカクロクマ（*U.americanus*）
ビラフランカ期中葉（250万）		エトルスカグマ（*U.etruscus*）			
ビラフランカ期前期（350万）		ウルスス・ミニムス（*U.minimus*）			
鮮新世（500万）		ウルスス・ミニムス（*U.minimus*）			
中新世後期（1000万）	ウルサブス属（*Ursavus*）	プロトゥルスス属（*Protursus*）			
中新世前期（2000万）	ウルサブス属（*Ursavus*）				
漸新世やそれ以前	イヌのような祖先				

なされている。その歴史は、マレーグマがもうすでに現生のものと非常によく似たものになっていた氷河時代の化石だけから知られている。

第2の種はインドのナマケグマ、すなわちラドヤード・キプリングの「ジャングルブック」[*21]に登場する「バルー」である。それもまたそれ自身の属、すなわちナマケグマ属（*Melursus*）に属している。ナマケグマは中型のクマで、解剖学的にはウルサブス属が過剰に成長したようなものであるが、これの場合もまた氷河時代より前には信頼のおける情報がないのである。

第3のクマの現生種は南アメリカのメガネグマ、すなわちトレマークトス・オルナトゥス（*Tremarctos ornatus*）である。それはかつては強大であったアメリカのクマ類の唯一の生き残りで、その歴史は後の章で詳しく述べることになろう。

もしわれわれがクマ属の系統の歴史を一つの図で見られるとしたら、その図はクマ属の歴史をわれわれの眼前にありありと浮かび上がらせる手助けとなるかもしれない。地質学的には、より新しい地層は、もちろんそれぞれの上に連続して積み重なっていく。だから地質学的な図では、時間の尺度は常に縦に表される。最も新しいものは最も上で、最も古いものは最も下である。このような図のもう一つの特徴は、最上部ではずっと下の方よりも、より詳しくなっていることである。なぜなら、われわれ自身の時代に近ければ近いほど、より良い証拠が手に入るからである。2000万年前の事件より2万年前に起こったことの方が、より良い情報が手に入るのは、当然のことなのである。

原著の註

第三紀と第四紀の地球史、特に哺乳類に関しては、クルテンが議論している（Kurtén, 1971, 1972）。ヴィンタースホッフ・ヴェストについてはデームの論文（Dehm, 1950）

---

*21　ジャングルブックはノーベル文学賞を受賞したイギリスの作家ラドヤード・キプリング（Joseph Radyard Kipling, 1865～1936）のインドを舞台とした小説で、ディズニーのアニメ映画にもなった。そこに登場するのがバルーという名のクマである。

で取り扱われている。カン・ロバテレスについてはクルサフォントとクルテンの論文（Crusafont and Kurtén, in press）で取り扱われている。クマ属の歴史については、エルドブリンクの本（Erdbrink, 1953）で見ることができる。またクルテンの本や論文（Kurtén, 1968, 1969a）も見よ。更新世の放射年代による編年は、クックの論文（Cooke, 1973）で述べられている。スワンズクームの化石についてはオウベイ（Ovey, 1964）を見よ。セグロカモメとヒメセグロカモメの事例はハクスリーの本(Huxley, 1942)が、ホッキョクグマの進化についてはクルテンの論文（Kurtén, 1964）で議論されている。

第4章

ホラアナグマの世界

氷河時代は、100万年前よりもはるか前に始まり、その時代は今でも続いている[*1]。

それがいつ始まったのかを正確に言うのは難しい。その時代は一夜にしてやってきたのではない。長い移行期間があったのである。すなわち徐々に気候が寒冷化したのは、何百万年も前に遡ることができる。この寒冷化によって、最終的には巨大な大陸氷床が形成されることになった。その氷床は、今日でもグリーンランドや南極を覆っている氷床のようなものである。しかしまた、氷河時代には寒冷な時期と温暖な時期、つまり氷期と間氷期の繰り返しがあった。今日、われわれはそのうちの後者の時期、つまり氷河時代の中の一つの温暖期の中で暮らしている。しかし、われわれが核エネルギーを使いすぎて影響を受ける前に、自分自身でうまくやっていくことができなければ、おそらく今後1万年かそれより短い時間が経てば、おそらく次の氷期がやってくるだろう。

前の章で、われわれは約30万年前のホラアナグマの出現に至るまでのホラアナグマの系統をたどってきた。その出現は、ホルシュタイン間氷期のことである。それ以降、2回の気候の大きな変動があった。最初のものはザーレ氷期で、それ以前にもそれ以後にも、それまでになかったほどヨーロッパの広大な地域の陸地が氷で覆われた。この氷期の後は、非常に温暖な間氷期であるエーム間氷期になったが、それは約8.3万年前[*2]のことである。現在から約7万年前になると最後の氷期であるヴァイクセル氷期とな

---

*1　第四紀（更新世と完新世）を一般に氷河時代と呼ぶが、そのうちの大部分を占める更新世に限ってそのように呼ぶこともある。本書でも、ここでは前者の意味で使っており、現在は完新世に含まれるので現在も氷河時代ということになるが、第3章の図（50ページ）では更新世の終りを氷河時代の終りとしているので、そこでは後者の意味で使っている。

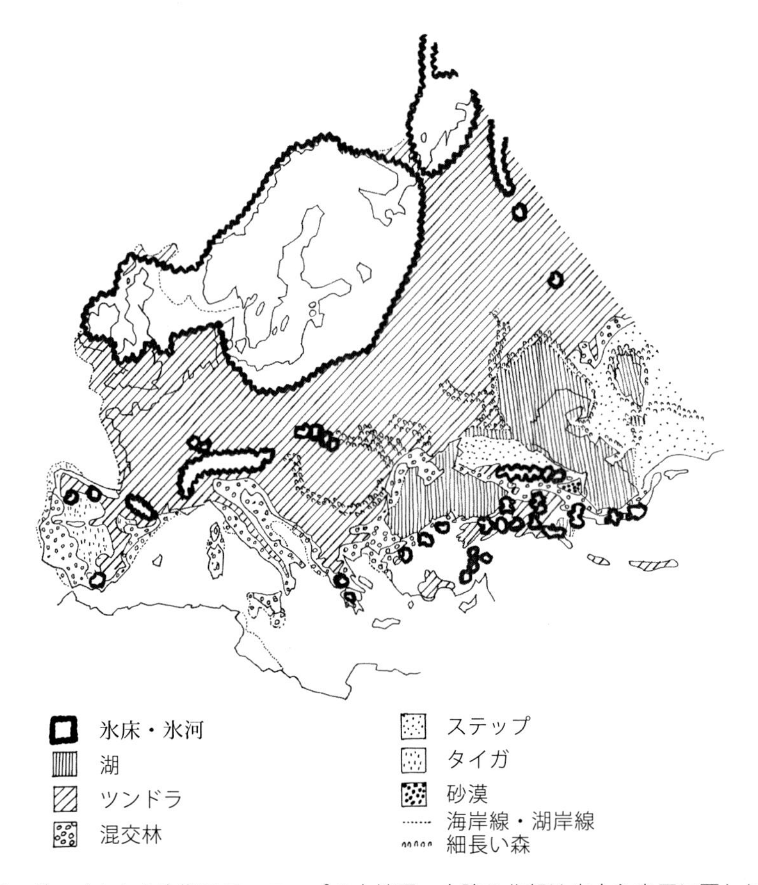

図16　ヴァイクセル氷期のヨーロッパの古地理。大陸の北部は広大な氷原に覆われ、はるか南まで山地には小規模な氷河が分布していたことを示している。広大な地域がツンドラ[*3]で、南の半島の部分の一部が森林であった。海は後退し、北海やイギリス海峡の海底が陸上に現れていた。カスピ海は非常に大きくなり、ロシア南部の平原に広がっていた。ケーニヒスソンのデータによる。（サイトウユミによる描き直し）

り、それは1万年前まで続いた。ホルシュタイン間氷期からヴァイクセル氷期末までが、ヨーロッパでの真のホラアナグマの時代であった。

---

*2　エーム間氷期は最終間氷期にあたり、その年代は現在では約13〜7万年前（酸素同位体ステージ5全体）と長く考える場合と、特に温暖な13〜11万年（酸素同位体ステージ5e）に限定する場合がある。訳者による付録2の図参照。

*3　訳注[*20]を見よ。

氷期、間氷期、氷期という大きな気候の変動が、そこにはある。しかし、このように記述するのは、ある意味で単純化しすぎている。多くの短期の変動もまた、存在していたのである。間氷期は均一に温暖だったわけではなく、氷期もまた均一に寒冷だったわけでもない。ヴァイクセル氷期の気候変動は非常に詳しく図示することができるようになってきており、より寒い時期とより暖かい時期が絶え間なく繰り返していたことがわかる。特に目立つのは亜間氷期と言われる短期のより温暖な時期が何度もあって、それらがヴァイクセル氷期の寒冷気候を中断させているのである。地球史の中の最近の7万年間の大部分を最終氷期が占めているが、いろいろな時期により温暖な亜間氷期があった。これらのうち最初のものはアメルスフォールトとブレルップと呼ばれる初期の亜間氷期で、それらは最終氷期の始まりのすぐ後にあって、いくぶん不確かだが、その年代は6万年前から7万年前の間である。次にやってくるのは、4万年前から3万年前の間にあ

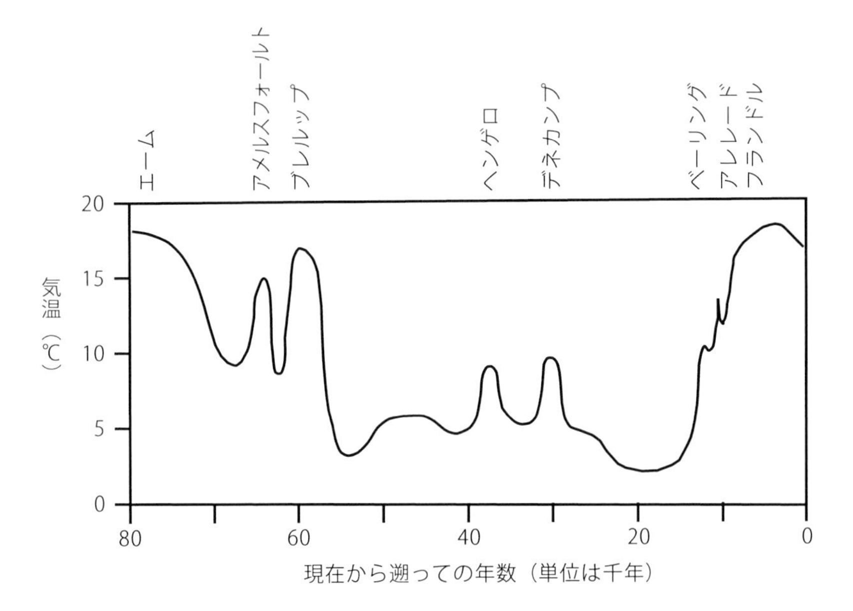

図17　地球史のうち過去8万年間の西ヨーロッパでの7月の平均気温。エーム間氷期からフランドル間氷期までの温暖期の名称が示されており、温暖期は現在もなお続いている。氷期の中にある温暖期は亜間氷期と呼ばれる。ファン・デル・ハムメンのデータによる。（デザインオフィス’50による描き直し）

るヘンゲロ亜間氷期とデネカンプ亜間氷期*4で、この時期にヨーロッパではネアンデルタール人がいなくなり、現代人型の人類が現れた。この時期の後には最終氷期の中でも特に寒冷な時期*5が訪れ、そのときにヨーロッパの中・南部では、再びマンモスや他の寒帯の動物たちが駆け回り、トナカイが狩猟民の恰好の獲物となっていた。最後には気候は明らかに温暖化を始める。その時期には2回の不完全な温暖期、つまりベーリング温暖期とアレレード温暖期があった。それらのいずれもが、その後に寒さの増す気候の逆戻りの時期を持っていた*6。しかし1万年前以降は、現在に至る間氷期のような温暖な状態が本格的に訪れた。

アメリカやアジアの研究でも、これと非常によく似た歴史が明らかにされてきた。いくつもの出来事の年代研究は、そのような気候変化が北半球全域でおそらく同時に起こったこと、そして南半球でも同時だったらしいということを示している。

そういうわけで、後期更新世の人類と動物たちが住んでいたのは、安定した世界とは程遠いものであった。われわれが遠近感をもってその時代を見通すと、そこには大きな変化があって、気候帯は連続して移動し、氷河は拡大したり縮小したりしたように見える。もちろん当時の個々の生物にとって、このような変化の大部分は気付かれないほど、ゆっくりしたものだったのだろう。しかし氷河のそばに棲んでいて長い記憶を持つ生物が十分に気付けるほど、氷河の進出あるいは後退が急速であった時期もあったのかもしれない。そのことはちょうど、カナダやアラスカやスカンジナビ

---

*4 全体として寒冷であった最終氷期の中で、オランダでは約4万年前と約3万年前に一時的にやや温暖になった時期があったことがわかっていて、オランダ東部の地名からそれぞれヘンゲロ亜間氷期とデネカンプ亜間氷期と呼ばれている。ヨーロッパ全体としても、これらの時期はやや温暖だったと考えられている（図17参照）。

*5 最終氷期はヴァイクセル氷期のことで、その中で特に寒冷な時期を最終氷期最寒冷期（LGM；Last Glacial Maximum）と呼び、酸素同位体ステージ2にあたる。訳者による付録2の図参照。

*6 「寒の戻り」の時期でベーリング温暖期の後は古ドリアス寒冷期、アレレード温暖期の後は新ドリアス寒冷期（Younger Dryas、約1万年前）と呼ばれる。新ドリアス寒冷期が更新世と完新世の境界とされている。

アで今日の氷河が、短期の気候の温暖化に対応して後退していくのがわかるようなものである。そのようなものは小さな変化の一つであって、過去8万年間の気候変化曲線に表れないほど軽微なものである。

だから、われわれはホラアナグマが一種類の環境の中に棲んでいたと考えるべきではないのである。むしろ、2つの極端な状態、つまり暖かい間氷期と寒い氷期の間での変化があって、その中で暮らしていたのである。私は、最初に温暖な世界つまり約8万年前のエーム間氷期の世界を読者に紹介することにしよう。いくつかの点でそれは、われわれの暮している時代と時間的に近い氷期の世界よりもわれわれには見慣れたもののように思われる（図18、19）。

気候は温暖で、おそらく今日よりも温暖だったのだろう。なぜなら、エーム間氷期の最温暖期には、多くの動植物が今日の北限よりもはるかに北まで分布していたからである。目を見張るような一例はカバで、それがドナウ川やローヌ川、そしてライン川に続いてテムズ川にまで到達していて、最終的にはイギリスの北緯54.5°にあるストックトン・オン・ティーズまで到達していた。しかし、このほかにもエーム間氷期に気温が高かったこ

図18　約25万年前のホルシュタイン間氷期のヨーロッパの風景を復元した図で、メルクサイやアンティクウスゾウ、それにオオツノジカが開けた風景の場所に描かれている。同様の種は8万年前のエーム間氷期にも生き残っていたが、そのときのオオツノジカは別の亜種に属していて、その角はより水平にのびており、このホルシュタイン間氷期の種類のように曲がってはいなかった。復元図はマーガレット・ランバートによる。（SOLVAによる描き直し）

図 19　エーム間氷期のイギリスの川沿いの風景で、ホラアナハイエナやカバ、バイソン、それに（遠くに）アンティクウスゾウがいる。ダマジカの頭骨が左の前景の洞窟の入り口に見えるであろう。復元図はマーガレット・ランバートによって描かれたもので、サットクリフによる。（SOLVA による描き直し）

とを示す多くの例がある。海面は現在よりも高く、今日陸になっている所に海が入り込んでいた。このような状況は、おそらくエーム間氷期の温暖な気候によるものであろう。

間氷期の生物の化石記録は、動植物の遺骸が保存されやすい洞窟や河成段丘、湖底堆積物、それに古い時代の泥炭などから出土している。現在のヨーロッパで見られないいくつかの種は別としても、エーム間氷期の植物は、ヨーロッパの今日の森林をしのぐほど繁茂していたことを除けば、われわれにはごくありふれたもののように見えるだろう。しかし、エーム間氷期の動物は、それとはまったく異なっていた。

ホラアナグマ以外にも、他に多くの大型哺乳類がいた。その多くは今日では絶滅してしまっている。エーム間氷期の陸棲の動物群の中で最大の動物はまっすぐな牙をもったゾウ（アンティクウスゾウ）であった。このような名前は、それの特徴の一つを表している。すなわち、ほとんどまっすぐで、非常に大きな牙が非常に幅の広い吻部から互いに離れて出てきて、さらに先端に向って広く広がっていた。このゾウはとても大きく、肩の高さが15.7フィート（4.8m）に達した。このようなヨーロッパのゾウは学名では普通、エレファス・アンティクウス（*Elephas antiquus*）*7と呼ばれるが、アジアのエレファス・ナマディクス（*Elephas namadicus*）*8の亜種にすぎないのかもしれない。こういった信じられないようなゾウは、ずっと以前に絶滅してしまったものではあるが、アフリカや特にインドの現生のゾウとの類縁関係はそれほど遠くない。だからこれらの現生のゾウは、そのような絶滅したゾウがどのような姿であったのかという情報をわれわれに与えてくれるであろう。そのような絶滅したゾウとホラアナグマはエーム間氷期のヨーロッパで、確かに出会っていた。いろいろな場所、例えばドイツのチューリンゲンにあるワイマール地方の間氷期の湧泉堆積物から、それらの化石が一緒に発見される。その他、エーム間氷期にいた動物でゾウのように厚い皮を持ったものには、サイ類があった。そのようなサイ類には実際2種があって、そのうちメルクサイ*9、すなわちディセロリヌス・キルヒベルゲンシス（*Dicerorhinus kirchbergensis*）は、普通の森林やそれよりやや開けた森林に棲んでいたが、そのような場所はアンティクウスゾウも棲み家としていた。メルクサイは、現生のスマトラサイ、つまりディセロ

---

*7　英名はstraight-tusked elephantあるいはstraight-tuskerで、まっすぐにのびた牙を持つのが特徴である。もともとの学名は*Elephas antiquus*であるが、現在ではこの種が属するのはアジアゾウ属（エレファス；*Elephas*）ではなく、パレオロクソドン属（*Palaeoloxodon*）とされるので、その学名はパレオロクソドン・アンティクウス（*Palaeoloxodon antiquus*）である。ヨーロッパの中・後期更新世の間氷期に特徴的なゾウの絶滅種で、中・後期更新世の日本に生息していたナウマンゾウ（*Palaeoloxodon naumanni*）はこれと同じ属に属していて、近縁と考えられる。

*8　和名ではナマディクスゾウまたはナルバダゾウと呼ばれる。現在ではアンティクウスゾウと同様に、パレオロクソドン属に含められることが多い。

*9　アンティクウスゾウと同様、ヨーロッパの中・後期更新世の間氷期に特徴的なサイの絶滅種で、以前は現生のスマトラサイに近縁と考えられていたが、現在では別の絶滅属（*Stephanorhinus*）に属していたと考えられている。もともとはメルク（第1章の訳注*3）にちなんで*Rhinoceros mercki*という学名が与えられたが、現在では一般に*Stephanorhinus kirchbergensis*という学名が使われている。

リヌス・スマトレンシス（*Dicerorhinus sumatrensis*）と類縁関係があり、スマトラサイのように鼻部の上に前後に並んだ2本の角を持っていた。よく開けた場所にはそれと類縁関係のある種、すなわちディセロリヌス・ヘミトエクス（*Dicerorhinus hemitoechus*）がいて、それは硬い草を食べていたようである。一方、メルクサイは喬木や灌木の葉を食べていた。

そのような動物群の中にいた他の多くの植物食の大型動物の中に、今日ではもう絶滅してしまっているバイソンまたは野牛、つまりステップバイソン（*Bison priscus*）がいて、それはアジアや北アメリカでも見つかっている。それは現生のどのようなバイソンより大型で、現生のものとは姿も異なっていて、その姿は氷河時代人の残した正確な絵によって知られている。このようなバイソンは、背中の2か所に突出部があって独特の姿をしていた。その姿が独特なのは、おそらく肩の部分の突出部の前方の頸部背面にある暗色のたてがみの発達によるものであろう。

さほど普通に見られるものではないが、バイソンの他にはオーロックスすなわち野生のウシがいた。オーロックスそのものはすでに絶滅しているが、その子孫は今日、家畜の牛となって生き残っている。野生のオーロックスの最後の個体は、1627年に殺されてしまった。

エーム間氷期によく見られるシカの種類にはアカシカ（ワピチやアメリカアカシカ*10と同一種であった）やヘラジカ（あるいは真のヘラジカ*11）、それにダマジカやノロジカがある。これらのすべては大型であり、現在生息しているそれらの種の最大のものに匹敵する大きさか、それを超える大きさであった。さらに大きかったのは今日では絶滅してしまっているオオツノジカで、アイルランドオオツノジカ*12と呼ばれることもあるが、実はそれは

---

*10　ワピチのことはアメリカアカシカ（American elk）とも言うが、それとは大きく異なるヘラジカ（訳注*11参照）のことを英語ではelkともmooseとも言う。

*11　ヘラジカは現生のシカ類の中で最大の種で、掌状の角を持つのが特徴である。それより小型で枝分かれした角を持つワピチとは容易に区別できる。ここで「真のヘラジカ」と訳したのは原著でtrue elkと書かれているためで、原著者はワピチ（American elk）と区別するためにこのように書いたのであろう。なお、わが国にも後期更新世にはヘラジカが生息していたことが知られているが、最近のまとめによるとわが国は当時、世界のヘラジカの分布の南限であったとされる（Kawamura and Kawamura, 2012）。

アカシカあるいはワピチと類縁関係があった。その学名は、実際のところよくできていて、メガセロス・ギガンテウス（*Megaceros giganteus*）と言い、巨大な堂々とした角を持った動物という意味である。巨大で掌状になった角は差渡しが11.5フィート（3.5m）に達し、シカ科の構成員がかつて持っていた頭部の装飾物の中で最もかさが大きく、最も重かったのかもしれない。つまりこのような角は、その動物が敵や競争相手に出会ったときに、頭を持ち上げて立てば最も有効に働く誇示器官だったのである。

イノシシや野生のウマ類もまた、このエーム間氷期の森林で見られた。そして主な河川の水系には、すでに述べたように今日のものをしのぐ大きさのカバ類が棲んでいた。

非常に多くの植物食の大型動物のまわりには、大型の捕食動物がいたのも自然なことである[*13]。それらの中で最大のものはライオンで、更新世の後期にはそれはあらゆる時代の野生哺乳類の中で最も広い分布域を持っていた。アフリカでの今日の分布域とは別に、それはヨーロッパと北アジアの全域や北アメリカに生息し、さらに南アメリカでは南へペルーに至るまでの地域でも生息していた。ヒトやそれに伴って移動する動物を除くと、後にも先にも一つの哺乳類の種でこのような世界的な分布を持ったものはいなかった。北方にいたライオンは大型で、今日のライオンよりもはるかに大きい。そのようなライオンは、その化石がしばしば洞窟から見つかることから、ホラアナライオンとしてその存在が知られている[*14]。

エーム間氷期の動物群には、ホラアナヒョウもいたが、その化石はあま

---

*12　英名ではIrish elkで、そのまま訳せばアイルランドヘラジカであるが、ヘラジカとは大きく異なるオオツノジカのことなので、アイルランドオオツノジカとした。

*13　以下に出てくるライオン、剣歯トラ、ハイエナ、オオカミ、ヒグマといった大型捕食動物の歴史については、クルテン自身がわが国の雑誌に記事を書いている（クルテン、1988）。

*14　更新世にヨーロッパをはじめユーラシア大陸の北部に広く分布していたライオンの仲間で、現生のライオンの亜種とする考えもある。洞窟からその化石がよく見つかるので、そのように名付けられた。独立種とすれば、その学名はパンテラ・スペラエア（*Panthera spelaea*）で、後半の部分は洞窟を表し、ホラアナグマの学名と共通する。マンモスゾウやケサイと共に生活していて、マンモス動物群の要素でもある。ライオンとトラは骨格

り多くない。ホラアナヒョウもまた、ヒョウという種の中では大型のものであった。エーム間氷期には、ネコ科の中の小型の構成員にオオヤマネコやヤマネコが含まれていた。非常に稀にしか見つからないものではあるが、三日月形の刀のような歯をもった大型のネコ類の一種であるホモテリウム・ラティデンス（*Homotherium latidens*）*15 がエーム間氷期からヴァイクセル氷期に生息していたことが化石の証拠でわかっている。

ホラアナグマ以外で、この時期に最もよく見つかる食肉類は、ホラアナハイエナ*16 である。この種類は今日ではアフリカの現生ブチハイエナ、すなわちクロキュータ・クロキュータ（*Crocuta crocuta*）という種の大型の亜種と見なされており、更新世にはアフリカとユーラシアに広く分布していた。ヨーロッパ以外では、その化石はインド、チベット、中国、そして朝鮮でも見つかっている。ハイエナ類は、以前には臆病な腐肉食者*17 とされていたが、実際には獰猛（どうもう）で攻撃的なハンターで、しばしば群れで狩りをする。それらは氷河時代のヨーロッパでは普通に見られたに違いない。ハイエナはしばしば洞窟を巣穴にしていた。そこにはこのような動物の骨が、捕食された動物の骨と一緒に、何千個も出土することがあるのであろう。

オオカミの化石もエーム間氷期の堆積物から普通に見つかるが、そのような化石はエーム間氷期のオオカミが現在のものに似ていたことを示して

の特徴では区別が難しいので、この動物はトラではないかと考えられたこともあったが、旧石器時代人が洞窟に残した絵から、この動物はやはりライオンであったと考えられている（河村・河村, 2011 のコラム 5.2 参照）。

*15 このようなホモテリウム属の種のほか、スミロドン属やメガンテレオン属など巨大な犬歯を持った剣歯トラ類が更新世に生息していたことが知られている。それらは、その犬歯を使って大型の植物食の哺乳類を捕食していたが、更新世末までにすべてが絶滅したと考えられている。

*16 ホラアナライオンと同様、更新世にユーラシアに広く分布したハイエナの仲間で、現在アフリカに分布するブチハイエナの亜種とする考えもある。独立種としたときの学名はクロキュータ・スペラエア（*Crocuta spelaea*）で、やはりその後半に洞窟を意味する語が入っていることからもわかるように、ヨーロッパの洞窟でその化石がよく見つかった。イギリスのトーニュートン洞窟では、第 6 章の訳注*2 にあるグスリ層の上位にこのようなハイエナの化石を多産するハイエナ層（Hyaena Stratum）があることが古くから知られていた。

*17 第 6 章の訳注*3 を見よ。

いる。ドール、すなわちアカオオカミの骨もまた更新世の地層から見つかるが、この種は現在のヨーロッパにはいない。

ホラアナグマの親戚に当たるヒグマも、エーム間氷期の化石記録の中で普通に見つかる。ワイマール近郊（エーリングスドルフ）の湧泉の堆積物、すなわちトラバーチン[*18]からはホラアナグマとヒグマの化石が産出しているが、そこではさらに別のクマの種の産出が記録されている。それは今日、アジアだけで見られるツキノワグマすなわちウルスス・チベタヌス（*Ursus thibetanus*）である。すでに記したように、この種はウルスス・ミニムスの段階でホラアナグマの系統から分かれたものである。

エーム間氷期の動物の世界には、もちろん多くの小型哺乳類もいた。ビーバーやケナガイタチは小川に棲み、リス類やイタチ類は林に棲んでいた。アカギツネやアナグマは地面に巣穴を掘っていた。動物の大部分は、典型的な森林あるいはパークランド[*19]に生息する種類であった。われわれはエーム間氷期の動植物相が豊かなものであったという印象を受ける。それは豊かな世界であり、その時代に生きていたものは、大型でつやつやとした毛並みの動物に成長していた。

ネアンデルタール人はこのような豊かな世界から食糧を得て生活していたが、彼らはエーム間氷期のヨーロッパの支配者であった。ネアンデルタール人の骨もまた、ワイマール近郊のトラバーチンの中から見つかっており、またその骨は他の多数の遺跡からも見つかっているが、それらを含む地層から産出する動物骨の多くはネアンデルタール人の狩猟の獲物である。

ムスティエ期後期の尖頭器や手斧、それに火を用いて硬くしたイチイ材の槍で特徴づけられる武器を持って、ネアンデルタール人のハンターは獲物を追った。身長は低かったが、彼らは頑丈な体つきで、目立って大きな頭をもち、その突き出た眉や突出した顔、後ろに傾いた前頭部、そして太くて短い頸を持っていることで現代人と区別される。しかし、いくつかの

---

*18　洞窟内や湧泉の水に含まれていた石灰分によって、そのような場所の堆積物が硬く固結したもの。第6章に関連した記述がある。

*19　森林の中に小さな草原が点在するような景観の場所。原著では park forest とも呼ばれている。

生体復元で示されているような類人猿に似た怪物をわれわれはネアンデルタール人だと思ってはいけない。ネアンデルタール人は間違いなく人類であり、多くの化石によってネアンデルタール人は真の人間として行動していたことが明らかにされている。ネアンデルタール人の最も愛情にあふれた行動はおそらく、死者の墓に花を置くという習慣が彼らにあったことであろう。このことは最近ラルフ・ソレッキー博士によって明らかにされたことで、博士はこの習慣をイラクのネアンデルタール人の化石が出土した洞窟の発掘で発見した。

すべてが過ぎ去って、エーム間氷期は終末を迎える。何千年も前には立派なカシの混交林が成育していた場所には、今やマツやカバの木が優勢になり、さらに数千年が過ぎ去ると、それらの樹木も南へ移動し、ツンドラ*20が戻ってくる。世界は、ヴァイクセル氷期の中にある。膨大な量の水が陸上の氷として固定され、そのために海面は300から400フィートも低下する。気候は寒冷化したばかりでなく乾燥化し、より大陸的なものになる。

気候変動が何回も繰り返される。ときには針葉樹林がはるか北へ拡がり、衰退しつつあった氷床の端まで進出する。しかし氷床やツンドラは戻ってくることもある。温暖な気候に適応した多くの間氷期の種が絶滅し、それ以外のものは、地中海東部沿岸やアフリカに避難地を見つけてそこに逃げ込んだ。しかし間氷期の種の多くは、寒さに抵抗してその場所で生活することもあって、ヴァイクセル氷期のヨーロッパでねばり強く生存を続けるものがあった。ホラアナグマもこのようなものの一つである。

アンティクウスゾウが、間氷期の動物群を象徴する動物と思われているのと同様に、マンモスゾウ*21は氷期を表す動物である。マンモスゾウは、体長では間氷期のゾウほど印象に残る動物ではなかった。ヴァイクセル氷期のマンモスゾウは肩高が10フィート（3.3m）を超えるものは稀で、多くの現生のゾウはそれより大きい。そのように大きさが不足していたかも

---

*20 現在のツンドラとは異なるステップ・ツンドラのこと。これについては、第9章の訳注*3で解説している。

*21 マンモスゾウを含むマンモス属については、町田ほか（2003）のコラム6.3-4にわかりやすくまとめられている。

図20　ヴァイクセル氷期のヨーロッパで、マンモスゾウとオオカミがたまたま出くわしたが、オオカミの群れはすぐに追い散らされてしまった。マンモスゾウにとって危険な敵は人類と、稀にしかいなかった剣歯トラ*[22]だけであった。マーガレット・ランバートによる復元図。（SOLVA による描き直し）

しれないが、マンモスゾウはその目立った姿で大きさの不足を十分に補うほど印象的な動物であった。その姿は、多くの洞窟壁画の作者が好んで題材にしており、シベリアやアラスカの永久凍土地帯で見つかる部分的に凍結した遺体からもその姿を復元することができる。こぶのように盛り上がった肩、後へ傾いた背中、尖った頭、そして曲がった巨大な牙は、この動物の忘れることのできない特徴となっている。

ヴァイクセル氷期までに森林のサイ、すなわちメルクサイは姿を消し、それの棲んでいた場所には、長く粗い毛皮を持った大型のケサイが見られるようになった。現在、北アメリカの北極圏にだけ生き残っているジャコウウシは、ユーラシアのツンドラで普通に見られた。シカ科の動物では、トナカイがツンドラで優勢であったが、森林地帯ではヘラジカやアカシカが普通に見られた。マンモスゾウやトナカイやケサイ、そしておそらくはステップバイソンも主要な2つの環境の場所を季節的に移動していたのであろう。その2つの場所とは、夏のツンドラあるいはレス*[23]の堆積したス

22　ホモテリウム・ラティデンスのこと。訳注[15]参照。

*23　岩石の細かい破片が風で運搬され堆積したもの。第四紀に特徴的な堆積物で世界中に広く分布し、中国の黄土もそれにあたる。町田ほか（2003）の5.5節に詳しい。

テップと冬のタイガ（開けた針葉樹林）である。カナダのトナカイは現在でもまだこのような移動を行っており、その規模は目を見張るようなものである。このようなことによって、北極圏の動物が、ヘラジカやオーロックスのような主に寒帯・温帯の動物に伴っていたのかもしれない。

大型肉食獣の大部分は耐寒性で広い分布域を持ち、厳しい寒冷気候にもよく耐えるようにうまくできている。今日のシベリアのトラはその一例である。われわれはライオンやハイエナが熱帯に生息する動物だと考えがちだが、それらはヴァイクセル氷期のヨーロッパで実際にうまく暮らしていた。もしそれらが寒冷気候に対応して体を変化させていたのなら、それらは体をさらに大きくすることでそうしていたのである[*24]。だからハイエナ類では、体の大型化が真のホラアナハイエナであるクロキュータ・クロキュータ・スペラエア（*Crocuta crocuta spelaea*）で頂点に達していた。何千というホラアナハイエナの化石骨が、いくつかの洞窟で出土している。ペンゲリーによってかなり昔に発掘されたケントの洞窟や、偉大な洞窟探検家であり博物学者でもあったクラフレッツによって調査されたオーストリアのエッゲンブルク近郊にある「悪魔の穴」と言う意味のトイフェルスリュッケンのような洞窟である。

ホラアナライオンが定常的に使っていた巣穴はあまり見つかってはいないが、ポーランド南部のヴィエルツチョウスカ・ゴルナ洞窟は少なくともそれの一例である。そこでは、幼獣から成獣までの年齢に属する非常に多くのホラアナライオンの化石が見つかっていて、この洞窟で実際にホラアナライオンが暮らしていたことを示している。

ホラアナグマやヒグマ、オオカミ、リカオン[*25]、それにアカギツネ、これらはすべてエーム間氷期の森林生活者であるが、ヴァイクセル氷期に変化した環境の中でも暮らしていた。しかし、ヴァイクセル氷期にはクズリやホッキョクギツネのような、より寒冷な気候下で生活する捕食動物も見つかる。そして、今日はるか北方の地域でだけ見つかるような小型哺乳類

---

*24　第5章で述べられているベルグマンの法則に従った変化（第5章の訳注[*13]参照）。

*25　リカオン（*Lycaon pictus*）は現在サハラ砂漠以南のアフリカ（生物地理学的にはエチオピア区と呼ばれる地域）に分布し、ヨーロッパには分布していない。

図21　ヴァイクセル氷期のヨーロッパでは、ライオンやハイエナがちょうど今日のアフリカのように、1個の死体をめぐって争っていたのであろう。しかし死体となった獲物の動物は、この図で生体復元されているケサイのように、今日のものとは異なった動物だったのであろう。マーガレット・ランバートによる復元図。（SOLVAによる描き直し）

も数多く生息していた。レミング類やユキウサギ、ヤチネズミ類である。アジアからは、耐寒性で草原に棲む動物が草原に分布を拡げていた。ボバクマーモットやトビネズミ類やステップレミング、ステップナキウサギである。

ヨーロッパでのネアンデルタール人の時代は、ヴァイクセル氷期までも続いた。その時代は、約3万5000年前から約4万年前のヘンゲロ亜間氷期やデネカンプ亜間氷期頃に終りを迎える。これより後の時代のヨーロッパでは現代人型の人類、いわゆるクロマニョン人、つまりわれわれ自身と同じ種であるホモ・サピエンス（*Homo sapiens*）が見つかる。彼らはネアンデルタール人の地域集団から進化したものであるのか、あるいはどこか他の地域から移住してきて、ネンデルタール人をその過程で駆逐してしまったのかは、まだ議論のあるところであるが、われわれはここでその問題に関わる必要はない。

このような新しい人々は、彼らの祖先のようにまだ狩猟を生業としていた。しかし、彼らの武器はすぐに改良された。一つの重要な発明はアトラトゥル、すなわち投槍器で、それは槍の到達範囲や威力を大きく向上させた（弓矢はまだ発明されていなかった）。文化はネアンデルタール人のものより豊かになり、芸術的にもなった。ネアンデルタール人の製作品からは彼らが美を意識していたことがわかるが、クロマニョン人は美や理想のためにさらに努力することが顕著になってきた。洞窟内に残された芸術作品がつくられた時代なのである。氷河時代の動物の生活を研究する者にとって、洞窟内の芸術作品は特に重要である。なぜなら、それはその時代の野生動物の目撃記録だからである。それらの動物には、永久に死に絶えてしまっていて、われわれが生きた状態ではけっして見ることができない種を数多く含んでいるのである。

このように生物は、最終氷期の寒冷な気候下でも繁栄し続けていた。エーム間氷期の種の多くは、例えばネアンデルタール人のように、ヴァイクセル氷期の前半には何とか頑張って生き残っていたものもあったが、エーム間氷期の種のいくつかは、もちろんヴァイクセル氷期には消え去ってしまった。このことはアンティクウスゾウやメルクサイに当てはまるが、イタリアではカバでさえヴァイクセル氷期に生きのびていた。

動物種の消滅は、間氷期から氷期への気候のすさまじい変化を考えると、実際のところ驚くほど少ない。おそらく実際に起こったことは、更新世の種がすでに何回もこのような変化を生きのびてきて、そのような変化によく耐えられるよう適応し進化してきたということであろう。そのようにできなかったものは、ずっと早くに絶滅してしまっていたのである。非常に活力や適応性に富んだ動物群は、自然選択によって形づくられてきた。ホラアナグマはそのような動物の一つで、彼らが選んだ地域で、氷期であろうがなかろうが、平気で暮らしていたのである。

ホラアナグマは大型食肉類としては、その分布域が驚くほど小さかった。ウルスス・スペラエウスという種やその祖先のウルスス・デニンゲリ、それにウルスス・サビニの分布域は、ほぼヨーロッパ大陸の範囲内に限定されていた（大ブリテン島は、その中でイギリス海峡が干上がって陸地だった氷期には、その一部であった）。その分布域の北限はイングランド南部から東方へのび、オランダの最も南の地域をかろうじて通って、ドイツとポーランド南部を通りソビエト連邦南部へとのびていた。ホラアナグマの化石はコーカサスでも普通に見つかっており、最近の発見が示すところによ

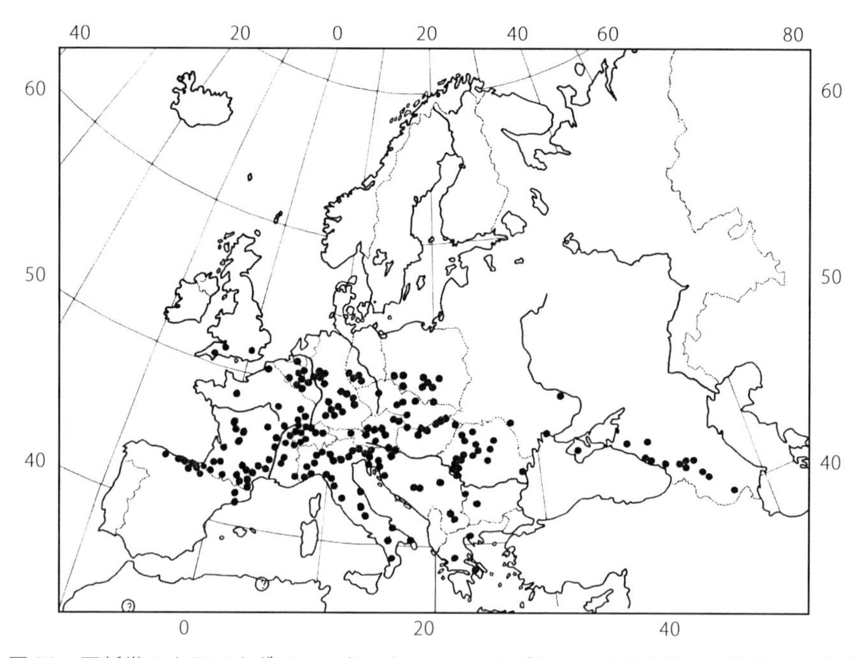

図22　更新世のホラアナグマ、つまりウルスス・スペラエウスの分布。それぞれの点はホラアナグマの化石を産出した1か所またはそれ以上の数の化石産地を表している。北アフリカの2か所の記録は不確かである。ホルシュタイン間氷期とそれ以降の化石記録だけがこの中に含まれている。実際の化石産地の数はそのような点より何倍も多く、いくつかの化石産地では何百､何千というホラアナグマの化石が産出しているのかもしれない。（サイトウユミによる描き直し）

れば、その化石はカスピ海の北側や東側、ウラル山脈南部やカザフスタンでも見つかるかもしれないのである。ホラアナグマは南方では、スペイン北部やイタリアのほぼ全土、ギリシアのアッティカ地方に分布していた。

ホラアナグマの化石はときに、このような分布域の外で報告されてきたことも事実である。例えば、イギリスやアイルランドのいろいろな洞窟や、さらに遠く離れた中国でも報告されてきた。私が調べることができた場合について言えば、これらの同定は誤りであった。問題の動物は、実際には大型のヒグマであった。モロッコとアルジェリアの2つの発見例は、そのような中で例外かもしれない。それらは確かにホラアナグマと非常によく似ていて、ホラアナグマが一時的に北アフリカに分布していた可能性がある。しかし、このような地域のクマ化石の大部分は確実にヒグマ、つまりウルスス・アークトスなのである。

そういうわけで、ホラアナグマはほぼ完全にヨーロッパの種だったのである。その種のもう１つの特性は、それがほとんどすべて洞窟から見つかるということである。例外もあるがごく少数で、大量のホラアナグマの骨が河成あるいは湖成の地層から産出したという例はない。それとは対照的にウルスス・デニンゲリの大きな化石群集がそのような地層から産出している。

ホラアナグマが見つかる洞窟の種類は、石灰岩やそれに関連した岩石に形成されたものである*26。地下水が二酸化炭素を豊富に含んでいるところでは、石灰岩質の岩石は溶かされやすく、地下水面下では特に岩石中にあったひびや割れ目に沿って、また異なった種類の岩石との境目に沿って、空所が形成される。いくつかの地域では、実際に川が何マイルもの間、このような地下の水路に沿って流れ、おそらくは大きな湧泉の形で地表に現れるのであろう。地下水面の低下に伴って、複雑な形の洞窟の大きな部分が干上がることになるのかもしれない。これとは別のタイプの洞窟は、海岸で石灰岩の崖に波が打ち寄せることによってできる。このような洞窟は小さいが、海面が低下し洞窟が高い所に取り残されて乾燥すると、それはまた生活の場として利用されることになるのかもしれない。

ホラアナグマは洞窟に強く依存して生活していたのであろうか。そしてどのように依存していたのであろうか。このような問題はずっと議論されてきた。ホラアナグマの化石は、洞窟ではない開けた場所の堆積物からも見つかるが、ホルシュタイン間氷期の頃から後では、そのような化石産地が極端に少なくなることは注目に値する。さらに真のホラアナグマの化石は、洞窟が稀、あるいはまったくない地域では、まったく産出しないのである。ホラアナグマはこのように洞窟に依存して生活していたか、あるいは洞窟のある丘陵や山地で、しばしば森林に被われた環境の場所に依存して生活していたのである。実際のところ、どちらとも関係していたのはお

---

*26　このような洞窟を鍾乳洞または石灰洞という。洞窟一般については町田ほか(2003)の5.8節にまとめられているので、参考にされたい。

そらく事実なのであろう。ホラアナグマがそのようなものに依存して生活していたことの本質については、後の章で議論しよう。

われわれが今知っていることで言えば、ホラアナグマの分布域外の地域はどうだったのであろうか。将来の発見で、ホラアナグマの分布域が実質的に拡がることを期待できるのだろうか。東の地域、つまりアラル海からその東にかけての地域では古生物学的な調査がまだ初期の段階にあり、確かにその可能性はあるが、ヨーロッパやアフリカ、中東、そしてまたシベリアや中国では更新世の動物群はよく研究されていて、その可能性ははるかに低いように思われる。例えば、イングランドやウェールズ、ドイツ、ポーランド、スペイン、イタリアなどではホラアナグマの分布域の外に多くの洞窟があるが、そこにはホラアナグマの化石はなく、一方でヒグマの化石は普通に見つかるであろう。少なくともこのような地域では、ウルスス・スペラエウスの分布域の境界は、かなり確実なものになっていると私は考えている。

原著の註

更新世についての標準的な教科書には、チャールズワースの本（Charlesworth, 1957）やフリントの本（Flint, 1971）、ヴォルトシュテットの本（Woldstedt, 1969）、ツォイナーの本（Zeuner, 1959）などがある*27。ヨーロッパの更新世の哺乳類についてはクルテンの本（Kurtén, 1968）やテーファーの本（Toepfer, 1963）で議論されている*28。クルテンは、氷河時代の歴史を図解している（Kurtén, 1972）。ステップバイソン（*Bison priscus*）の最新の復元については、ガイストの論文（Geist, 1971）の中で議論されている。ワイマール近郊のトラバーチンに含まれる動物群については、ワイマールの第四紀古生物学研究所の一連の出版物で取り扱われることになろう。ソレッキーはネアンデルタール人を「花で装飾をした最初の人々」と呼んでいる（Solecki,

---

*27　そのほか、カールケの本（Kahlke, 1981）やニルソンの本（Nilsson, 1983）などもある。

*28　その後に出版されたスチュアートの本（Stuart, 1982）やサットクリフの本（Sutcliffe, 1985）も好著である。クルテンはその後、共著者とともに北アメリカの更新世の哺乳類についてもまとめている（Kurtén and Anderson, 1980）。

1971）。ホラアナグマの分布域については、コビーとシェーファーの論文（Koby and Schaefer, 1961）やヴォルフの本（Wolff, 1938 － 1941）、それに筆者自身のデータによる。分布域が東へ拡がることを示す予察的なデータは、コツァムクローバの論文（Kozhamkulova, 1974）で見ることができる。アランブールは、北アフリカでホラアナグマの可能性のある化石を発見した（Arambourg, 1933）。

第５章
オスとメス、矮小型と巨大型

2 頭のクマは、2 人の人間以上に互いが似ていない。

W. マリネリ博士が行ったオーストリアのスティリア*[1] にあるミクスニッツの「竜の洞窟」から産出した 76 個のホラアナグマの頭骨の注目すべき研究で、彼は大きな頭骨と小さな頭骨、ドーム状に盛り上がった頭骨と平らな頭骨を区別し、これらの型がいろいろに組み合わさっていること、極端なものの間には、実際にすべての中間段階が認められることを明らかにした。彼は、このような驚くべき変異のすべてが単一種の範囲内に含まれるという結論を下して、1 世紀以上も前にジョルジュ・キュビエが出した見解の正しさを確認した（図 23 参照）。

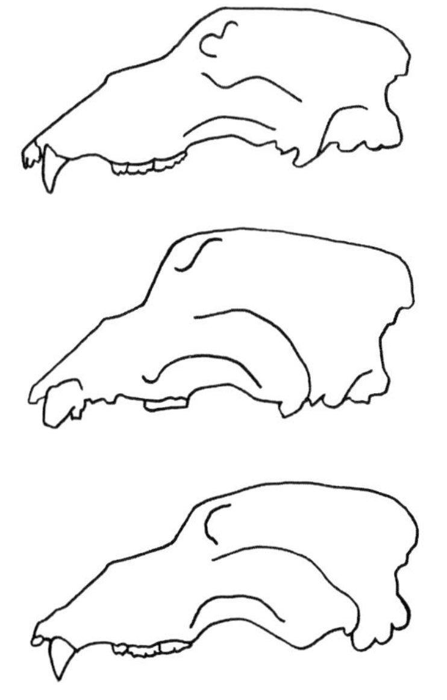

図 23　それぞれのホラアナグマの頭骨は、形態に顕著な変異を示す。特に前頭部を側方から見たときの輪郭。かつて、そのような変異を示す頭骨は異なった亜種、あるいは異なった種に属するものとさえ考えられていた。しかし実際は、ある１つの地域の集団の中にそのような変異のすべてが見られるのかもしれないのである。（サイトウユミによる描き直し）

---

*[1]　オーストリア南東部のシュタイアーマルク州（Steiermark）の英語の呼称。

マリネリの研究は、もう一つ注目すべきことを明らかにした。小型のクマの頭骨はミクスニッツのその洞窟の堆積物の上層に集中していた。マリネリと彼の同僚の研究者はこのことから、ホラアナグマがその絶滅の直前に小型になっていたことを示した。それと同じときに、バッホーフェン・エヒットはミクスニッツのその洞窟に堆積した地層の中から豊富に見つかる遊離した犬歯を研究し、それらには明らかに大きさの異なる2つのグループがあることを報告した。彼は大型の犬歯はオスのもので、小型の犬歯はメスのものであると考えた。その集団の中では、オスとメスの数は同じであることが予想されるが、その洞窟の下部の地層では、そのようになっているとバッホーフェン・エヒットは述べている。しかし上部の地層では、オスの犬歯の数が多いという傾向があり、最終的にはメスの犬歯の3倍にもなっていた。

ミクスニッツの発掘の指導者であったオテニオ・アーベル教授は、このようなデータと他のデータを整理して、ホラアナグマの化石に見られるいろいろな現象に対して、論理的な説明を考えたが、それは驚くべきものであった。その説明は、ホラアナグマの絶滅を説明する一つの学説に発展させられるものでもあった。アーベルの説明のキーワードは、家畜化という

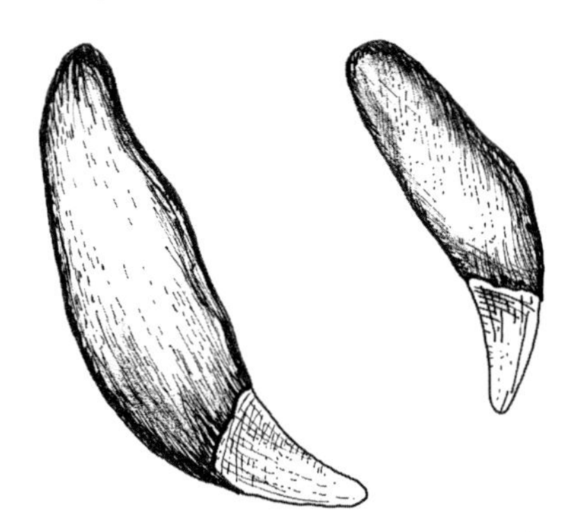

図24　ホラアナグマのオスとメスの上顎犬歯。大きさでの性的二型*2を示すため、両者は同じスケールで描かれている。ホラアナグマの犬歯の大部分では、雌雄を簡単に識別できる。（サイトウユミによる描き直し）

---

*2　同一種のオスとメスで形態や大きさが著しく異なることを性的二型（sexual dimorphism）という。本文76～79ページ参照。

ことである。しかし、それは人間による家畜化ということではなく、むしろホラアナグマが洞窟に避難して暮らしていたことや、天敵がいなかったことによる一種の自己家畜化のようなものである。このような状況では、自然選択の作用は劇的に減退してしまったであろうし、あらゆる非適応的な変異が発生したのかもしれない[*3]。大きさや形態に大きな変異があり、矮小化が見られ、オスの比率が増加することは、ホラアナグマという種の繁殖や遺伝に何か具合の悪いことがあったということを示している。アーベルは、このような証拠をホラアナグマの集団の深刻な衰退の兆候と考えた。いろいろな病気が高い頻度で起こっていることもまた、衰退の兆候と考えられたが、そのような病気のいくつかはおそらく洞窟内の健康によくない微気候によるものであろう。最後にアーベルは、衰退が極端な状態になって、ホラアナグマはもはや生きながらえることができなくなったと考えた。

この説にあるいろいろな見解は（私は賛成できないのだが）、後の章で議論する。ここでは、ホラアナグマに見られる変異が私の議論の本題なのである。

動物の種の中での変異とは何であろうか。種というものは、空間と時間のつくる多次元の世界に存在しており、遺伝や血縁のきずなで結ばれた個体によって構成され、要素がからまりあって信じられないくらい複雑な個体の集団をつくっている。われわれは、ここで５つ以上の変異のタイプを、どのような種の中にでも識別することができる。そして、それらは別々に扱うべきものであり、そうしなければ、われわれは大いに混乱してしまうであろう。

第１の変異のタイプは、１つの個体が受精卵から成体に成長するまでに見られる変異である。このような変異によってわかりにくくなることを避けるために、われわれは同じ成長段階の動物を比較するようにしなければな

---

*3　本来、自然界では環境に適応したものが、自然選択で生き残るはずであるが、洞窟のような特殊な環境では、普通の環境で生き残れないようなものまで生き残ってしまうので、個体群の中に大きな変異が生じたと考えたのであろう。家畜では、人間がつくり出した特殊な環境の中で、本来は生き残れないようなものまで生き残っているということにたとえて、「自己家畜化」と述べているのであろう。

らない。例えば、十分に成長した個体に限定して比較するようにしなければならない。

第2のものは、個体変異である。2つの個体が、まったく同じ遺伝子を持つことはない（まったく同じ双子は除く）。2つの個体が一生を通じて、まったく同じ環境で生活することもない。1804年にローゼンミュラーは、ホラアナグマの大きな変異の一部を説明するのに、個体変異という要因を提案した。

第3のものは、性的変異である。ある1つの種のオスとメスは多くの場合、生殖器官だけでなく、他のいろいろな特徴に違いがある。多くの哺乳類では、オスはメスより大きいという傾向があり、このことは確かに現在のクマ類にも当てはまる。ローゼンミュラーはまた、この事実に注目し、ホラアナグマの変異についてはそれが付加的な要因になっていると指摘した。

第4と第5の変異のタイプは進化によるものであり、地理的な変異と時間的な変異である。

例えば、北西ヨーロッパの比較的小さなヒグマを東アジアの非常に大きなヒグマと比べてみると、そこに地理的な変異が見えてくる。そのような違いは、進化によって生じたが、それらの個体群の間は今でも相互に交配できる一連の個体群によってつながっている。そのような個体群では、ジュリアン・ハクスリー[*4]がクライン[*5]と呼んだもの、あるいは特徴が地理的な勾配を持って変化する現象が見られる。つまり、西から東へ行くにしたがって、大きさが増加する傾向があるのである。

そのような勾配を取り去って、時間の次元にすると、単一の地域での進

---

*4　ハクスリー（Sir Julian Sorell Huxley, 1887～1975）はイギリスの進化生物学者で、自然選択説と遺伝学を統合した進化の総合説(evolutionary synthesis)を推進した。ダーウィンの進化論を擁護した19世紀イギリスの動物学者トマス・ハクスリー（Thomas Henry Huxley）は彼の祖父にあたる。

*5　クライン（cline）は、1つの種の集団の中で大きさや形態が地理的分布や生態的条件などによって勾配をもって変化する現象を言う。ヒグマという種では、ユーラシアの西部に分布するものは小型で、東に行くにしたがって大きくなるというクラインの例があげられる。北方の個体群の個体ほど大型になるという「ベルグマンの法則」（本章で後述される）が述べている現象もクラインを表している。

化による変化がわかる。例えば、西ヨーロッパではヒグマの大きさが氷河時代が終わったあとの数千年間に急速に減少した。このことは時間的なクラインであり、第5の変異のタイプに当たる。もしそれが本当なら、ミクスニッツのホラアナグマの小型化はそれを示す適切な一例であろう。

それでは、オスとメスの問題について議論を始めよう。ある1個の化石骨から、その骨の持ち主の性を言い当てることは、本当に可能だろうか。

バッホーフェン・エヒットは犬歯の大きさの違いに注目したが（図24参照）、残念ながら彼が性を決める基準としたものは、かなり漠然としていて、詳しい分析によって裏打ちされたものではなかった。数年後にカール・ローデ博士は、ホラアナグマとヒグマの両方で、犬歯の一連の計測を行って、どちらの種にも大型の犬歯と小型の犬歯があり、その中間の大きさのものはわずかしかないことを示した。彼は大型のものをオス、小型のものをメスと解釈した。

1949年にコビー博士は、性のわかっている現生のヒグマの犬歯を研究したが、雌雄の大きさを比較することによって、そのような問題を解決することが、彼に残された課題であった。そこで彼は犬歯の歯冠基部の幅を測定し、ヒグマのオスではメスより測定値が平均2mm大きいことを発見した。また彼は、682個のホラアナグマの犬歯の標本を同様に測定して、その測定値は2つの明瞭な頻度曲線をつくり、それぞれのピークは互いに約6mm離れていることを発見した。だからホラアナグマでは、オスがメスより平均6mm幅の広い犬歯を持っていたことになる。生殖器以外の器官でのこのような違いは、二次的な性的二型と呼ばれる。

さて、ここでわれわれは、このような結果が前にあげた性的変異以外のタイプの変異にどのように影響されているかを考えてみなければならない。犬歯に関する限り、個体の成長による効果は除外できる。なぜなら十分に成長した歯冠の大きさは変化しないからである。唯一起こり得ることは、歯を使うことによってすり減ったときに起こる変化である。そのような状態を見分けることも、そのような歯を計測から除外することも、もちろん容易なことである。

もしその標本が限られた地域の限られた時代のものであれば、進化による変異は除外することができる。このことは、現生種の場合はかなり容易なことである。コビーの調べたホラアナグマの標本は、いくぶん均質性の低いものであった。そのような標本はジュラ山脈[*6]の限られた地域から産出したもので、空間的には非常に限定された地域の標本ではあったが、いつの時代のものかという時間の要素がやや不確かであった。その標本はおそらく最終氷期のいろいろな時期のもので、5万年程度の時間幅を持つものかもしれない。

それでもなお、コビーが得た曲線は、現生のクマの地域個体群での対応する曲線と非常によく似ている。例えば、グリーンランドのホッキョクグマやコジャック島の大型のヒグマのものである。実際、ジュラ山脈のホラアナグマは最終氷期の間、比較的大きさが安定していたようである。

後年のホラアナグマの研究では、標本の均質性は互いに年代が近い別々の産地の標本を用いることによって向上してきた。それらのすべての例で、頻度曲線は同じ型、すなわち2つのピークを持つものになり、オスとメスがうまく区別された。このような頻度曲線では、2つのピークに分かれることが性的二型を表しており、一方ではそれぞれのピークのまわりに分散する点は個体変異を表している。ミクスニッツのホラアナグマの曲線もよく似ていることがわかる（図25参照）。

大きさの違いは、犬歯に限られているのであろうか。遊離した歯は大量に発見されるので、それらは徹底的に研究されてきた。しかし、歯がまだ下顎骨や頭骨に植立したままで見つかる場合はどの場合でも、大型の犬歯は大型の頭骨に生えており、小型のものは小型の頭骨に生えていることがわかる。実際、大きさにおける性的二型は体のすべての部分に見られる。どんな骨格の計測値も、ほとんどが犬歯と同様の2つのピークをもつ頻度曲線を示すであろう（頰歯は例外の一つ）。要するに、このことは典型的なオスとメスの値があるクマの集団で確立されるとすぐに、すべての骨の性別を実際に決められるかもしれないということを示している。

---

*6　スイスとフランスの国境にある山脈で、アンモナイトなどの化石を多産するジュラ紀の地層が広く分布し、その時代名のもととなった。

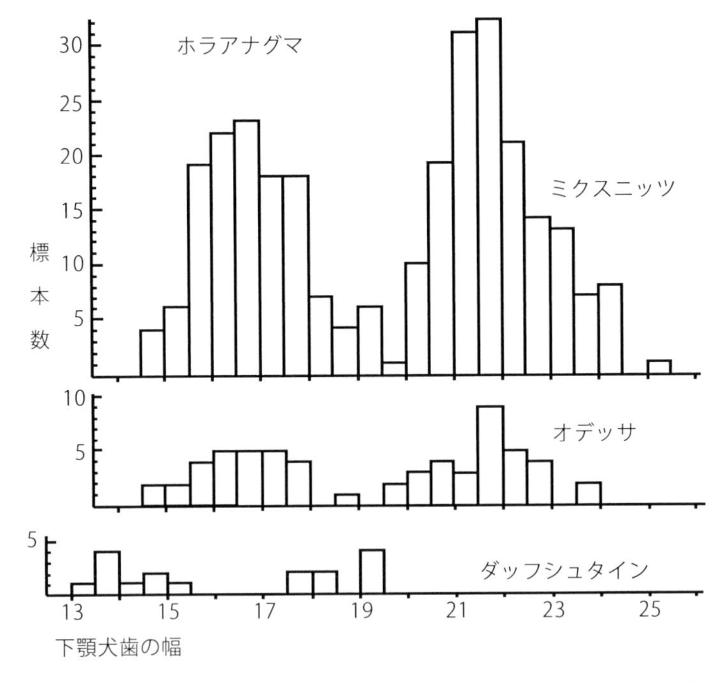

図25　ホラアナグマの標本群での下顎犬歯の幅。その頻度分布がそれぞれオスとメスを表す2つのグループに分かれることを示している。ミクスニッツやオデッサから産出したヴァイクセル氷期の大型のホラアナグマでは、オスの犬歯の平均は約22mmになり（下のスケールを見よ）、メスの平均は17mm以下である。ダッフシュタインの洞窟産のエーム間氷期のホラアナグマでは、オスの犬歯の幅の平均は18～19mmで、メスの平均は約14mmである。クルテンによる。（デザインオフィス' 50による描き直し）

雌雄の間のこのような大きさの違いは、食肉目のいくつかのグループで普通に見られる。クマ類やネコ類、それにイタチ科である。一方、そのような違いはイヌ類やハイエナ類では軽微であったり、見られなかったりする。霊長目では、オスはしばしばメスより大きい。このような特徴は、特に大型のサル類や類人猿で顕著であるが、ヒトでもある程度は見られる。スイギュウやウシ、レイヨウやシカのような偶蹄目の動物では、同様の違いがある。哺乳類ではあまり一般的なことではないが、メスがオスより大きいという場合もある（鯨目のいくつかの種では、メスがオスより大きい）。

ミクスニッツの「矮小型のホラアナグマ化石」の研究は、それらがけっして矮小型なのではなく、普通のメスであることを明らかにした。すべての標本で、それらはメスの大きさのグループにぴったり合う大きさを持っていたことが判明した（唯一の例外は、生きていれば普通のオスの大きさに成長したであろう1個のやや若いオスの標本）。だから、想定されていたホラアナグマの退化傾向の一つは、架空のものであることが判明した。

同様のことは、かつて想定されていたホラアナグマの多くの矮小型の種類についても当てはまる。実際、ホラアナグマの矮小型のいくつかの「亜種」が、ごく普通のメスの標本に基づいて正式に命名されていたのである。シビレンヘーレ（シビルの洞窟）とホーレシュタイン（穴のあいた石）と呼ばれるドイツのヴュルテンベルクにある2つの洞窟の例がよい教訓となるので、ここで詳しく述べることにしよう。シュトゥットガルトにある州立自然史博物館[*7]のカール・ディートリッヒ・アダム博士がこれらの収集品についての物語を私に話してくれた。

ホーレシュタインの洞窟では、1860年代にこの博物館がシュヴァーベン洞窟協会と協力して発掘を行った。この典型的なクマ化石の多産する洞窟からは大量のホラアナグマの化石が発見され、それらの化石はその後、一部は博物館、他のものは洞窟協会に分配された。しかし、その選別は博物館の大家たちによって行われた。もちろん彼らは、最もよい標本を博物館で保管するようにした。実際、このことは大きくて見栄えのよい標本、言い換えればオスの標本が博物館で保管されるということを意味していた。あまりに印象の残らない標本、あるいはメスの標本は洞窟協会に行き、いろいろな個人の収集品となって、以後科学の世界から消え去ってしまった。ホーレシュタイン産で、現在博物館の収集品で手元にあるものの90%はオスの頭骨と下顎骨で、10%だけがメスなのである。言うまでもないことだが、これはもともとの雌雄の数の関係を表しているわけでない。かなり以前に、

---

*7　ドイツ南西部のシュトゥットガルトにあるバーデン・ヴュルテンベルク州の州立博物館で、ローゼンシュタイン公園内のそれぞれ別の場所にある2つの建物からなり、それらは古生物や地質の展示のあるレーベントール博物館と生物や自然史の展示のあるローゼンシュタイン博物館と呼ばれている。前者では三畳紀の恐竜のプラテオサウルスやジュラ紀の魚竜類などの化石が見られる。訳者の一人河村善也は1998年にここを訪れて、化石標本の観察を行ったことがある。

この博物館は、まだ存在していた少数の個人収集品の1つからホーレシュタイン産の標本を1個入手したが、それは予想されるように、メスのホラアナグマの下顎骨であった。

何年も後の1898年にシビルの洞窟で、州立自然史博物館とシュヴァーベン洞窟協会が再び共同で発掘を行い、産出した化石は再び両者で分配された。しかし、このときは洞窟協会が選択権を持っていて、結果はまったく予想されるとおりのものであった。博物館は、ホラアナグマのメスの良好な収集品を所有することはできたが、オスのホラアナグマの化石は洞窟協会のメンバーの個人的な収集品となってしまった。この場合もまた、分配された標本の大部分は、取り返しのつかないことだが、科学の世界から消え去ってしまった。このときのシビルの洞窟産の博物館の収集品は23%がオスで、77%がメスである。

これらのごく普通のメスが、ホラアナグマのウルスス・スペラエウス・シビリヌス（*Ursus spelaeus sibyllinus*）と呼ばれる「矮小型の種類」の記載や命名のもとになっている。もちろん、こんな種類は存在しないのである。

オスとメスの数の間のこのように異様な不釣り合いは、化石採集の際の偏りによって起こった。他の洞窟ではどうだろうか。

ウィーンで保管されている収集品の中のミクスニッツ産の標本を研究してみて、私はバッホーフェン・エヒットが述べているようなオス3に対してメスが1という極端な不釣り合いを確認することはできなかった。この収集品の中の実際の数では、頭骨や下顎骨と遊離した犬歯を含む数は、オスが346点でメスは230点であることがわかった。オスとメスの比率はほぼ60対40であり、オスがやや優勢であった。

さてここで、このような標本が実際にその洞窟の中にあった全標本のごく一部にすぎないということを思い起こさなければならない。ミクスニッツの「竜の洞窟」の発掘は、もともとは科学的な仕事として行われたのではなく、商業的な目的で行われていた。洞窟堆積物は燐鉱石をとる目的で採掘されていた。このような場合はいつも、科学者たちの仕事は困難で、科学的に価値のある標本をできるだけ多く残そうと試みるが、状況によっては標本を選択したり捨てたりしなければならない。

ホーレシュタインやシビルの洞窟の場合で明らかなように、どのような選択があっても、収集品には統計学的な偏りが生じることになるだろう。標本のほんの一部が採取できるだけなので、また採取作業の多くが訓練を受けていない人々によって行われるかもしれないので、目立った見栄えのよい、あるいは珍しい標本があまり印象に残らない標本より、たやすく採取されてしまうことになるであろう。しかし、あまり印象に残らないものでも、その化石の集団の背景を知るためには必要なのである。

ホラアナグマの場合には、頭骨や顎骨の全体が残っているものや大きな骨、大きな遊離歯、異様な病変を示す化石などが、収集品の中に過度に含まれる傾向があり、一方でより小さな遊離歯や断片的な標本、そしてそれらに類するようなものは､あまり含まれないことになる。ミクスニッツの「竜の洞窟」では、全化石標本に約3万から5万のクマ化石があったと見積もられたが、これらの化石のほんの一部だけが採取できたにすぎない。

燐鉱石を掘り出すために、化石を豊富に産出する場所を採掘することは、今日では自然からの略奪を目的とした開発と見なされなければならない。なぜなら、このような場所の数は限られていて、それぞれの場所での燐鉱石の採掘作業は、科学的な証拠物件をかならず大規模に破壊することになるからである。

このような開発とは別に、多くの化石産地でホラアナグマの標本が多量に見つかるという単純な事実が、しばしば人々の非科学的な態度を助長してしまった。博物館の標本に適したもの､「完全な」頭骨、異様に大きな骨、あるいはその他、調査をした人が気にいるものが選択的に採取されることになり、一方でそれ以外の化石は採取されなかったり、破壊されてしまったり、あるいは一般の人々に分配されてしまったりした。標本のいかなる取捨選択も、それがどんな理由であれ、自動的に偏った標本群をつくってしまうことになり、収集物の科学的な価値をゆがめたり、破壊してしまうことになる。たとえすべての標本が保存されている場合でも、野外での産状は最も保存のよい標本に対してだけ記録されているにすぎないのかもしれない。

幸いにして、信用ができ十分に役立つ研究が今や多くの学者によって行われており、それらの学者は多くの国で化石群集の研究のため、洞窟産化石に特有の重要性や可能性に十分な注意を払っている。その点では地方の洞窟学会が大きな役割を担っており、そのことはよく認識されていると私は思っている。

ここで、このような枝葉の問題からミクスニッツのホラアナグマのオスとメスの問題という本題に戻ろう。ところで、アーベルの退化説では、その種の遺伝的な変化によってメスよりオスがはるかに多く生まれるという結果が導かれることが示されていた。

性の遺伝については、ずっと以前からよくわかっている。ヒトを含む哺乳類では、卵細胞や精細胞の核にあるいわゆるX、Y染色体、あるいは性染色体と言われるものによって性が決まることがわかっている。哺乳類のメスでは、2本の性染色体は同じ型（X）で、その動物の生殖管でつくられる卵細胞は、それぞれ1本のX染色体を持つことになるであろう。子孫の性は、精細胞によって決まる。なぜなら、オスの細胞の核の中には1本のX染色体と1本のY染色体があり、それらは同じ割合で精子の中に分配されることになるであろう。だから、精子の半分はX染色体を持ち、他方残りの半分はY染色体を持つことになる。ある卵細胞がX染色体を持つ精子によって受精するとXXの組み合わせを持つメスになるであろう。もしY染色体を持つ精子によって受精が起こると、XYの組み合わせを持つのでオスになる。

雌雄間の個体数の不均衡は、精子のX染色体とY染色体が同数つくられないことによって起こる可能性はある。しかし実際の精子の生産は、かならず同数のものがつくられるように行われるので、このような状況はありそうもないことである。また、X染色体を持った精子がY染色体を持ったものより不活発で、そのために卵子に到達しにくいということもあり得る。実際には、その逆が本当のようである。なぜなら、X染色体を持った精子の方がY染色体を持った精子よりやや軽く、やや動きが速いので、卵子に到達する機会はやや大きい。しかし、ホラアナグマ以外の哺乳類では、これらすべてのメカニズムが働くので、雌雄の出生率に顕著な違いは生じない。

例えば、イエローストーン国立公園の現生のアメリカヒグマでは、オスの仔がやや多く生まれるが、このことはメスのやや高い生存率によって相殺されるようで、その結果、成獣ではメスはオスよりやや数が多い（54%に対して46%）。

それでは、本当にミクスニッツで雌雄の出生率に差があったのであろうか。全体で576点にもなるミクスニッツの頭骨や顎骨や犬歯の標本は、すべての年齢の個体がある。そのうちの約195点は1才の仔グマからまだ性的に成熟していない若い個体に属している。このような個体群のなかに、雌雄の出生率の違いが反映されているはずである。しかし、そのような若いクマの中では、103点がオスで92点がメスであった。

このような証拠は、出生率に大きな違いがあるという理論に合致しない。仔グマの中でオスがわずかに多いということは、統計学的に本当に意味があることではない。すなわち、それは偶然のことで、ちょうど硬貨を195回、指ではじいて、103回は表で92回は裏というようなものである。たとえ、そのような違いがあるとしても、オスの仔グマの生存率がメスのそれよりわずかに高かったということを示しているにすぎないのであり、そのようなことは哺乳類でごく普通に見られることである。

ミクスニッツの収集品の分析結果は、オスが多いという現象がほとんどすべて、成獣で見られるということを示している。成獣の個体群では、オスはほぼ2対1の比率で数が多い。実際の数の割合は243対138で、64%対36%になる。

他の洞窟ではどうだろうか。コビーは、ジュラ山脈の洞窟から得られた彼の標本でメスの出現頻度がオスのそれよりやや高いと述べた。彼の標本で最も数の多いのはゴンデナン・レ・ムーランの洞窟から産出した456個の犬歯で、オスの化石標本は全体の約44%であった。オスの割合が低いという現象は、ボクルーズ（36%）、モントリボ（33%）、サン・ブレ（28%にすぎない）といった他の化石産地でも見られた。一方、オスとメスの比率が「正常」の50対50に近い洞窟も数多くある。このことは、調べられた多くの標本の中で、ロシア南部のオデッサ[*8]やネルバイの洞窟、オーストリアのダッフシュタインの洞窟、スイスのコテンシェの洞窟やスペインのクエバ・デル・トールの洞窟の標本に当てはまっている。

私は、このような状況を出生率の違いによるものではなく、ホラアナグマ自身による積極的な洞窟の選択によって説明できると考えている。

われわれは、ホラアナグマがたまたま手近にあった洞窟に冬眠のためによろよろ歩いて入って行ったと考えてはならない。その逆に、ホラアナグマは洞窟のことをよく知っていて、彼らに何が必要かを正確に心得ていたはずである。さらに、あるクマは一度洞窟を選ぶと、毎年毎年同じ洞窟に戻ってくる習性があり、侵入者に対して自分の洞窟を守る習性があるように思われる。このような行動は、縄張り行動と呼ばれ、私が後でそのことを示したいと思っているのだが、ホラアナグマでもそのような行動があったのではないかと考える理由がある。

ほぼ 3 対 1 でメスがオスより多いサン・ブレの洞窟は、まったく小さな洞窟でもあるが、オスの成獣が多いミクスニッツの「竜の洞窟」は非常に大きく、オスとメスが同じ数で産出するクエバ・デル・トールは中間の大きさの洞窟であることは、まず偶然の一致ではない。仔グマを産もうとしているメスのクマは小さくて簡単に中が調べられ、外敵から自分を守れるような隠れ家を捜し、多くの個体が冬の棲み家とするような大きな洞窟を避ける傾向があると考えることは、ごく自然なことである。オスのクマの成獣は、仔グマがたとえ自分の仔であっても、小さな仔グマにとって非常に危険な存在となるだろうし、経験豊かなメスは冬の棲み家としてそのような洞窟に近づかないであろう。

さあ､ここでの話題を「矮小型」のホラアナグマの問題に戻そう。それは、まったく架空の話なのであろうか。明らかにそうではない。いくつかの化石産地では、われわれは明らかに小さなホラアナグマに出会うのである。

これらは本当に「矮小型」なのか、あるいはある小型の亜種の構成員であるのかという問題は、このようなオスもメスも「普通」のホラアナグマ

---

*8　オデッサ（オデーサ）はウクライナ南部の黒海に面した港湾都市。この本が書かれた当時はソビエト連邦に属していた。現在ではロシアとウクライナは、それぞれ別の国になっている。

のオスやメスのそれぞれよりも小さいという事実から答えがわかる。オーストリアのダッフシュタイン山地のシュライバーヴァント洞窟のホラアナグマはよい例である。例えば、この洞窟産の17個の下顎犬歯の標本では、明らかに2つの大きさのグループがあって、それらはそれぞれオスとメスをよく表しているに違いない。しかし、ダッフシュタインのオスは「普通」のホラアナグマのオスより小さく、メスは「普通」のメスより小さい（図25参照）。ほかの体の部位の計測値を比較しても、似た結果になる。

シュライバーヴァント洞窟は高山にあり、標高は約7200フィート（2200m）であるから、最終氷期には氷に覆われた地域にあったことになる。この洞窟は間氷期にしか動物が棲めなかったのである。小型のホラアナグマは高山にある他の洞窟からも発見されている。実際、このような状況はクルト・エーレンベルク教授がこのような型のクマを「アルプスの高山の小型のクマ」と呼んでいるように、非常にありふれたものなのである。オーストリアのバット・アウス湖のそばにあるザルツオーフェン洞窟産のホラアナグマも、ゴサウにあるショットロッフから産出したホラアナグマもシュライバーヴァント洞窟のものとほぼ同様に小さい。これらの洞窟は標高がわずかに低いだけで、約6500フィート（2000m）である。ダッフシュタインの洞窟のように、これらの洞窟には温暖な気候のときだけに近寄ることができたので、そこで化石骨が見つかるホラアナグマは間氷期に生息していたのである。

一方、「普通」の型のホラアナグマは、3300フィート（1000m）か、あるいはそれより高い所で見つかることはない（その高さはおおよそ、有名なミクスニッツの「竜の洞窟」の高さにあたる）。実際そのような化石骨が見つかる洞窟の大部分は、1600フィート（500m）かそれ以下の高さである。

「普通」の、つまり大型のホラアナグマのすべては、明らかに最終氷期のものである。そのような標高の低い所でも、それより古い間氷期のホラアナグマを産出する洞窟があって、それらから産出したホラアナグマは明確に小型であるという傾向が見られる。オーストリア、グラーツのマリア・モットゥル博士によって何年か前に研究されたレポルスト洞窟産のホラアナグマが一つの好例である。レポルスト洞窟のホラアナグマは、前方の小臼歯がときどき見られること、グラベラが比較的低いことなど、さまざまな原始的な特徴を持っているが、そのすべては古い時代に生息していたデニンガーホラアナグマを思い起こさせるものである。同じことは、ミクスニッツの洞窟の基底部の層準から産出したホラアナグマの化石にも当てはまり、それらの化石は洞窟堆積物の主要な層準から産出する典型的な、または「普通」のホラアナグマより古い時代のものである。

だから、われわれはホラアナグマがもっぱら最終氷期の始まりに伴って、その特徴を十分に発達させたという考えを持つことになるのである。注意深い計測や手のかかった分析でやらなければならないことが、まだ多く残っているが、このような考えはもともとオーストリアの標本にもとづくもので、他の地域での化石研究でも確認されているようである。例えば、イギリスではホラアナグマの化石はイングランド南部（デボン*9やメンディップス*10）の少しの洞窟でしか見つかっていないが、これらは大部分が最終氷期のものである。これらの洞窟のホラアナグマは、どんなものであれ、ヨーロッパ中部の普通のホラアナグマより大きかった。しかしまた、より古い時代の化石も少しはある。例えば、トーキー*11の有名なケントの洞窟では中期更新世にまで遡る厚い堆積物がある。ここの最も古い時代の堆積物からは、オーストリアのアルプスの高山の小型のクマに似た「矮小型」のホラアナグマが産出している。同様のことは、ロンドンの南東にあるスワンズクーム*12の古い時代のテムズ川の段丘から発見されたホラアナグマ

---

*9　デボン州のことで、Devonshireとも言う。地球史の時代区分のデボン紀（Devonian Period）はこの地名に由来する。

*10　メンディップ丘陵（Mendip Hills）のことで、イングランド南西部サマセット州にある。丘陵の大部分が石炭紀の石灰岩でできていて、風景がよい。

*11　トーキー（Torquay）はデボン州南部のイギリス海峡に面した小都市。気候が温和でリゾート地として、よく知られている。イギリスの作家アガサ・クリスティー（Agatha Cristy, 1890～1976）の生誕地でもある。

*12　ロンドン近郊にある哺乳類化石産地で、旧石器の出土地としても知られる。それらを産出する地層は、中期更新世の温暖期のもので、イギリスの区分ではホクスン間氷期（Hoxnian interglacial age）、北西ヨーロッパの区分ではホルシュタイン間氷期のものとされる。スワンズクーム人と呼ばれる人類化石も出土した。

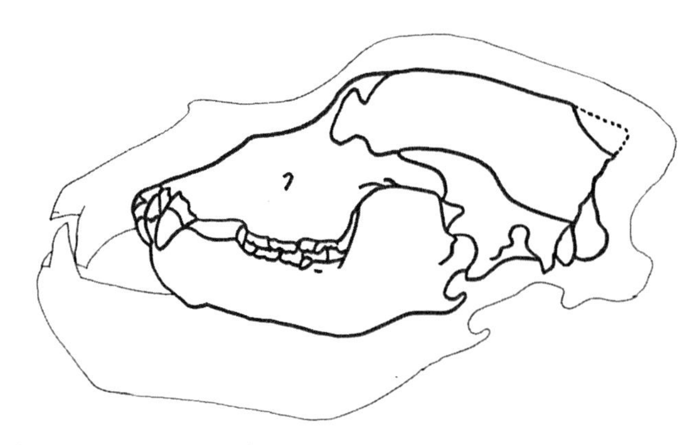

図 26　ソビエト連邦のクラスノダールから産出した、おそらくはホルシュタイン間氷期の小型のホラアナグマと、ヴァイクセル氷期の大型のホラアナグマ（うすい線で形を示した）の比較。ボリシアックによる。（サイトウユミによる描き直し）

の化石にも当てはまる。そのような化石の時代はホルシュタイン間氷期で、25 万年前頃のものであり、ケントの洞窟の最も古い堆積物も同じ時代のものであろう。ソビエト連邦における類似の例は、図 26 に示されている。

その問題は、今やフランスのラ・ロミユーの非常に多くのホラアナグマを産出する洞窟の発見によってはっきり決着がつけられたように思われる。そこでは、少なくともエルスター氷期（ミンデル氷期）からホルシュタイン間氷期、ザーレ氷期（リス氷期）に至る更新世中葉の堆積物がある。ボルドーのフランソワ・プラット博士が明らかにしたように、ここでは最も古い堆積物から産出するデニンガーホラアナグマ（*Ursus deningeri*）からホルシュタイン間氷期やザーレ氷期の堆積物から産出する比較的小型のホラアナグマ（*Ursus spelaeus*）までの進化の系列が見られる。

もしホラアナグマの系列で、大きさの変化を図で表そうとするなら、エルスター氷期（50～60 万年前）に初期の大きさの極大があることがわかり、そこではデニンガーホラアナグマの非常に大きなものがいた。その後のホルシュタイン間氷期には大きさは減少し、ザーレ氷期ではやや大きくなり、エーム間氷期では再び小型化している。最終氷期になって、ついにホラアナグマは最大の大きさに達し、いわゆる「普通」のホラアナグマとなった。

不思議なことに、それといくぶん類似した大きさの変化、つまりエルスター氷期に初期の大きさの極大があり、その後は小型化し、最終氷期には2回目の大きさの極大を迎えるという変化様式は、ヒグマやホラアナハイエナやクズリといった他の食肉目の種に見られるかもしれないのである。

このような規則性の背後には、ある共通の要因があるのであろう。1848年に動物学者のカール・ベルグマン[*13]は、体の大きさの増加で体表からの熱の発散が減少するであろうということを指摘した。だから、そのことは寒冷気候への適応になるである。実際、ホラアナグマの少なくとも一部はベルグマンの法則に従っているようである。つまり、氷期のものは間氷期のものより平均的に大きいのである。しかし、そのような傾向は、いくぶん不規則である。ザーレ氷期には特に目立った大きさの増加がないし、おそらくこのことだけが大きさの変化に関係しているのではないのであろう（実際、自然界にいる哺乳類にはベルグマンの法則と逆の変化をするものもある）。

これまでに見てきたように、ホラアナグマの歴史には多くの時間的な変異があった。しかし、空間的な変異についてはどうであろうか。ホラアナグマの分布域の中の異なった地域で同時期のホラアナグマの間に大きな変異があったのであろうか。われわれが2万5000年前に戻ったと想像してみよう。イギリスとヨーロッパ中部のホラアナグマの間に顕著な違いがあったのであろうか。あるいはアルプス山脈の北と南で違いがあったのであろうか。あるいは隣り合った谷間でさえも違いがあったのであろうか。

その問題は難しい。なぜなら、ある化石産地の集団が生きていた時代を最終氷期の中で正確に決めることは、かならずしも容易なことではないからである。われわれができるのは、例えば異なった場所で生きていた動物の大きさを比較することである。いくつかの例では、わずかな違いであっても統計学的に意味のある平均値の違いが見つかり、それはある程度の亜種の分化を示している。ヒトを含む他の動物でも、それは同じように見つ

---

*13　ベルグマン（Karl Georg Lucas Christian Bergmann, 1814～1865）はドイツの解剖学者、生理学者でロストック大学の教授を務めた。本文に出てくるベルグマンの法則（Bergmann's rule）は、哺乳類のような恒温動物の1つの種では寒冷地に棲むものほど体が大きいというもの。

かるのである。例えば、最終氷期のイギリス南部のホラアナグマは特に大型になる傾向が見られる。それは、まさしく巨大なホラアナグマと思われる。これまで私の見た最大のホラアナグマの下顎骨（断片的なものではあるが）は、ケントの洞窟から産出したものである（ロンドンの自然史博物館についての冗談だが、この標本はニューヨーク市のアメリカ自然史博物館にある）。ベルギー付近から産出したホラアナグマは、ほとんど同じくらいに大きい。

地理的な勾配、あるいはハクスリーが名付けたクラインは、以前に書いたように現生のクマ類にも見られる。勾配が特に急な地域、言い換えれば変化が特に急激な地域では、個体群間の遺伝子の交換はあまり起っていない。例えばヒグマという種では、このような急な勾配がアラスカの海岸のものと、ブリティッシュコロンビアのものの間に見られる。つまり前者の巨大なヒグマと、内陸のアメリカヒグマの間に見られるのである。このような2つの個体群は自然に交配して雑種をつくるが、交配の起こる地域は狭く、雑種が特にありふれたものになるようには思えない。ヨーロッパでも、スカンジナビアやフィンランドのクマと、ソビエト連邦でもヨーロッパに属する部分の中央部のクマの間にも比較的急な勾配が存在する。

ホラアナグマでは、大きさの勾配が全体として比較的急であり、言い換えれば各地域の個体群は他のものと著しく異なる傾向があるということである。このことは地域個体群間での遺伝子の流れが限られたものであったことを示している。だからホラアナグマは個体としての移動範囲が、ヒグマあるいはアメリカヒグマよりいくぶん狭かったと結論づけられるかもしれない。すでに述べたように、このような特徴は、縄張りを持つことと関係づけられるだろう。それぞれのホラアナグマは、限られた範囲の縄張りの「所有者」であったのであろうし、おそらくはその中央に洞窟があったのであろう。もしそうなら、ホラアナグマは、その近縁種であるヒグマとは著しく異なっていた。ヒグマは、本当の意味での縄張りを持たないからである。

原著の註

ホラアナグマの頭骨についてのマリネリの研究やバッホーフェン・エヒットの論文については、アーベルとキルレのミクスニッツについてのモノグラフ（Abel and Kyrle, 1931）を参照せよ。ホラアナグマの絶滅についての学説は、アーベルの本（Abel, 1929）で述べられている。性による変異についてはコビーの論文（Koby, 1949）やクルテンの論文（Kurtén, 1955）で論議されている。後者はまた、予察的な方法で地域的な変異や時間的な変異を取り扱っている。いろいろな洞窟でのホラアナグマの性については、クルテンの論文（Kurtén, 1958）で議論されている。モットゥルは、レポルストや他のオーストリアのエーム間氷期の化石産地のホラアナグマについて述べている（Mottl, 1964）。ラ・ロミユーのホラアナグマについての F. プラット博士の研究は未出版である。イエローストーン国立公園のアメリカヒグマの雌雄については、クレイグヘッドらの論文（Craighead *et al.*, 1974）を見よ。

第６章

人類とクマ

人類がクマと出会ったとき、何が起こったのであろうか。半世紀前に、驚くべき答えが、スイスのアルプス山脈から出てきた。

1917年から1921年にかけて、スイスにあるザンクト・ガレン[*1]の博物館のエミール・ベッヒラーは、タミナ渓谷のベティスの近くにあるドラッヘンロッフ洞窟（「竜の巣穴」の一つと言われていた）の発掘を行った。その洞窟は標高が7335フィート(2240m)で、崖から奥に200フィート(70m)も続く奥深い洞窟である。洞窟内の堆積物には、膨大な数のホラアナグマの化石が含まれていることが明らかになり、その中には保存のよい頭骨や完全な四肢骨が含まれていた。この洞窟はそのような高さにあるのだから、氷期に動物がこの洞窟に近づくことはできなかったのであろう。だから、ホラアナグマの化石は間氷期、つまりヨーロッパでは初期のネアンデルタール人の時代のものであるに違いない。

驚くべきことに、ベッヒラーは頭骨やその他の骨がでたらめに洞窟内に散らばっているのではないと考えるようになった。逆に、それらはある決まった方向にきちんと配列しているように思われた。それらは人類によって、計画的に並べられたのであろうか。さらなる発見でベッヒラーはそのことを確信するようになった。

ドラッヘンロッフでの発見は、1923年にベッヒラーによって報告され、別の報告が17年後に彼によって出版された。最も目立った発見は、大きな石棺あるいは石の箱が発見され、その中に一群のホラアナグマの頭骨が入っていて、大きな石板でふたがされていたことであった。それらの頭骨は

---

*1　スイス東部、ボーデン湖の近くにある都市で、ドイツ語でSt. Gallenと表記する。7世紀にこの地に最初に建物を建てた聖ガルス（Saint Gallus）の名に由来する。ザンクト・ガレンの紋章には、クマがデザインされている。

すべて同じ方向を向いていた。その石棺は約3フィート（1m）の高さがあり、側面は石灰岩の石板でできており、それはふたと同様にもともとは洞窟の天井から落ちてきたものであった。残念なことに、発掘の際にそれらの石の箱は作業を行った人々によって壊され、写真も撮影されなかった。

さらに残念なことは、1923年と1940年に出版された報告書の中で、それらの石の箱とそれらが洞窟内でどのような状況であったのかを示すために描かれたベッヒラーの2枚のスケッチがまったく矛盾していることである（それらは図27と図28に再録されている）。それらの図は、石棺が洞窟内の堆積物のV層の上に載っていることを示している点では一致している（層は上から下に番号が付けられた）。また、それらの図は洞窟の壁や天井の形でも一致していて、洞窟の南北の断面を表しているように思われる。しかし、その他の点でそれらはほとんどが同じではないのである。

例えば、1923年の図では南を向いた2個の頭骨が入った大きな石の箱が図示されている。その箱の上に載っているⅣ層には、それと同じ方向を向いたいろいろな長骨や1個の頭骨が含まれている。それとは別に、いくつかの長骨が入ったやや小さな箱がある。それらの箱の側壁は、大きさが同じでレンガに似た小さく水平な石板でできている。

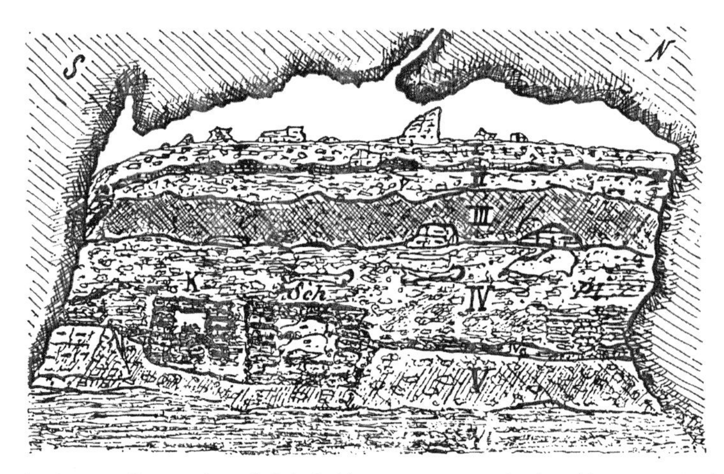

図27　ベッヒラーが1923年に公表したドラッヘンロッフ洞窟の断面図で、洞窟内の堆積物の層序と、頭骨や他の骨の入った石の箱が示されている。これと次の図についての議論は本文を参照せよ。（サイトウユミによる描き直し）

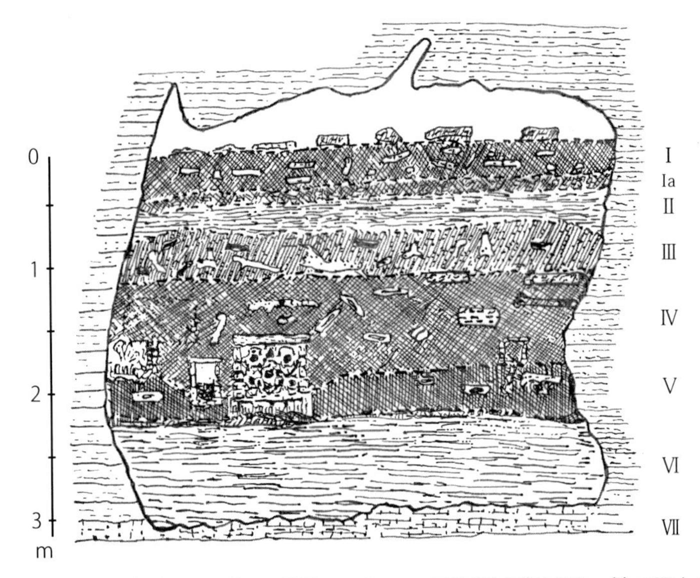

図 28　ベッヒラーによる 1940 年のドラッヘンロッフ洞窟の断面図。前の図と比較し、本文を見よ。（サイトウユミによる描き直し）

1940 年の図では、その大きな石の箱がそこに描かれてはいるが、その中には 6 個ないし 7 個の頭骨が入っており、そのすべては東を向いている（おそらくは、より正しい方向なのであろうとコビーが述べている）。いくつかの長骨の入った 2 個目の石の箱は、はるかに小さい。それに加えて壁のようなものが洞窟の南の端にあり、そこにはより多くの骨がある。石の箱の壁面は、ここでは垂直に置かれた石板でできており、Ⅳ層に入っていた頭骨は消えている。「その作り話がそこではまさに具体化されている」とコビーは述べた。

もちろん、このようなドラッヘンロッフ洞窟での発見だけで、ベッヒラーはホラアナグマの骨が旧石器時代人の手で並べられたと思いついたわけではない。例えば、あるクマの頭骨の頬の部分を他のクマの大腿骨が貫いているものがあり、それはねじ込むことによってだけ、入れることができるものであった。1940 年にベッヒラーは 2 本の平行にならんだ脛骨の上に頭骨が載っているのが発見されたと記述している。それと同じ頭骨であるが、1921 年には大腿骨がそれの左の頬部を貫いていたとされ、1940 年の報告では右の頬部を貫いているとされたのである。さらにまた、ベッヒラーの記述は図とも合わない。なぜなら、図では平らな岩の板の上に骨が並んでいるように描かれているが、記述では「奇妙なことに、骨の小さなかたまりの下には石の板はなかった」となっている。事実、ベッヒラーはそのようなものが発見されたときに、そこにはいなかったのである。

このように奇妙な状態で骨が並べられていたこと以外に、人類の存在を示す証拠はあるのだろうか。実際のところ、それはすこぶる少ない。フリントでできた石器もない。焼かれた骨もない。骨に解体されたときの切り傷もない。あるのは炉の跡だけで、そのことはたまに1人か数人の人が短時間とどまるためにやってきたことを示している。もし長時間滞在したとすれば、そこには無数のフリントが確実にまき散らされることになるであろう。

しかし、ベッヒラーが示した石棺のような手の込んだ構造物がもし人類によって作られたのではないとしたら、どのようにしてできたのであろうか。そして、人為的に見える骨の配列はどのようにしてできたのであろうか。その中に、人を惑わす作り話があることは疑いない。ベッヒラーは尊敬に値する熱心な愛国者として知られていた人物で、彼は確かに自分の記載した石棺の存在を信じていた。

このような状況を理解するためには、われわれは洞窟の中で実際、どのようにクマの頭骨やその他の骨が保存されているのかという問題を考えてみなくてはならない。物語は、あるホラアナグマが冬眠中に洞窟の中で死んでしまうことから始まる（なぜ死んだかという問題はしばらく触れないでおいて、第7章でその問題を再び議論することになろう）。

死後、その大きなクマの死骸は、ハイエナやオオカミやクズリ*2のよう

---

*2　クズリは英語ではwolverineまたはgluttonという。イタチ科の動物であるが、姿はクマに似ている。イタチ科としては大型で、頭胴長は最大で90 cm、肩高は40 cmほどで、現在は北ヨーロッパからシベリア、中国東北部、サハリン、北アメリカ大陸北部のタイガ地帯やツンドラに分布しているが、生息数が少なくなっているという。わが国には分布していないので、われわれには馴染みのない動物である。基本的には本文にあるように腐肉食の動物であるが、いろいろな動物を襲う。イギリスのトーニュートン洞窟（第8章参照）では、中期更新世末のクズリの化石が集中して見つかる層があり、クズリ層（Glutton Stratum）と呼ばれた。

な腐肉食の動物[*3]に気付かれずに、そのままになって腐敗してしまうことが、ときには起こったのかもしれない。軟組織でできた部分が分解すると、リン酸塩が大量に生産された。現在、クマ化石を多産するある種の洞窟の堆積物ではしばしば、このような物質が非常に豊富で、それは堆積物全体の50～55%にも達するのかもしれない。そして、そのような堆積物はしばしば、商業目的で採掘されている。クマ化石を多産するいくつかの洞窟に見られるコウモリのグアノ[*4]もリン酸塩を含んでいるが、含有量ははるかに少なく、10%未満である。だからクマ化石を多産する洞窟で見つかるリン酸塩の多くは、クマの筋肉の腐敗によって生じたものである。

皮膚や筋肉がなくなり、死骸はそのクマが死んだ洞窟の洞床に横たわった骨格となってその終末を迎える。しかし、これは単に物語の始まりを示しているにすぎない。その死骸については、その後さらに多くのことが起こるのである。

その死骸のところに腐肉食の動物がやってくることもまた、起こり得ることである。そのような動物は死骸の軟かい部分を食べ、骨を引き裂いてしまうかもしれない。ハイエナ類は、そのような骨をこなごなに砕いてしまうかもしれない。ハイエナ類はかなり大きな骨の破片を飲み込むことが知られていて、いくらか時間が経つと、骨の破片は吐き出されるが、それらは内臓の分泌液や内臓の運動の影響をいくらかは受ける。その結果、奇妙なことに人類が関わったかのように見える状態になることがあるのかもしれない。つまり、完全に丸い穴が骨にあいていたり、あたかも故意に行われたかのように骨が互いに押し込まれていたりするかもしれない、ということなどである。またハイエナが咬んだ骨は割れて、鋭い縁のある破片になっているが、それは人類によってつくられた道具のような見かけになるのかもしれない。

[*3] 腐肉食の動物（腐肉食者）というのはscavengerの訳語で腐食動物ともいう。他の動物の死骸を食べるものを言うが、実際にはそのような動物は腐った肉ばかりを食べるというわけではなく、狩猟をする肉食性の動物が倒した獲物を横取りしたり、食べ残しを食べたり、自ら他の動物を襲って食べることもある。哺乳類ではハイエナがその好例。

[*4] グアノ(guano)はコウモリや海鳥の糞が大量にたまったもの、あるいはそれが硬く固まったもの。リン酸塩を多く含むので、燐鉱石として採掘されることがある。

そのような腐肉食の動物の働きによって、最終的には関節がつながっていない骨が洞床に散らばることになり、それぞれの骨はさまざまな破損状態になっている。

やがてその洞窟には新しい居住者がやってきて住みつくことになるだろう。最もありそうなことは、その居住者がもう一頭の別のホラアナグマで、それは秋に冬眠のためにその洞窟に入ってくるのであろう。洞床の骨やその破片は、そのクマの通り道にあれば、踏みつけられて小さな破片になるだろう。より大きなもの、例えば破片になっていない頭骨や長骨は、横へ押しやられるであろう。典型的な場合、それらは最終的に壁のそばのどこかへ押しやられることになる。クマの化石を多産する洞窟を探検した人は皆知っているように、保存のよい頭骨の大部分は、その洞窟の壁の近くで見つかるのである。もしそれらの骨が、岩石の崩落やその他の損傷から骨を守ってくれる壁の窪みに押し込まれたのなら、それらの骨が保存される可能性は特に高くなる。

1935年にアーベル教授は「ドイツのペーターズヘーレ[*5]では、岩壁の中にある押し入れのような窪みの中に5個のホラアナグマの頭骨と2本の大腿骨、それに1本の上腕骨が入っていた」と述べた。彼はさらに続けて「水の作用による堆積はまったくありえないので、これらの骨は氷河時代人によってこの壁の窪みに入れられたに違いない」とも述べている。

もちろん、それは洞窟の壁の窪みである必要はない。骨を保護する岩石はどのような種類のものでも、そのような働きをするだろう。骨を保護するこのような窪みは、天井からの岩石の崩落によって、洞窟のどんな場所にでもできるだろう。しみ込んだ水や凍結した水が洞窟の母岩をつくる石灰岩の中の割れ目を次第に広げていく。そのような割れ目は、しばしば石灰岩の層理面に形成される。岩石の破片、そのいくつかはやや平たい石板であるが、それらはやがて動いて洞床に崩落する。

もし、洞床にすでに岩石の破片があれば、崩落した岩石は垂直に近い状態に並ぶことになるかもしれないし、そのような岩石の横に押しやられた

---

*5　ペーターズ・ヘーレ（Petershöhle）で、後半部分のヘーレはドイツ語で洞窟の意味。

骨が保護されることもありそうなことである。さらに、同じ場所で天井からの崩落が起きるかもしれないし、もしそれらの石板がすでに洞床にあった岩石にぶつかったら、多くの場合、結果的には石板が立ったり、半分立ったような状態になるであろう。一方、動物によってもち込まれたほこりや洞窟の中にしばしば膨大な数で棲んでいるコウモリが落とすグアノ、そして洞窟の中で死んだいろいろな動物の分解物によって洞窟内の堆積物がゆっくりとつくられていく。やがては、洞窟内の堆積物が壁の窪み、あるいは石板が積み重なった「箱」の中のすき間を埋めるだろう。そして、故意に埋葬されたにように見えるあの究極の状態に立ち至るのである。適度に想像力を働かせれば、そのように見えるのであろう。

頭骨や顎骨や長骨のように長い物体が、壁の窪みや壁に沿った場所に繰り返し押し込まれると、必然的に同じ方向に並ぶようになるだろう。そして、それらは人類の意志によって適当な場所に置かれたというアイデアを生み出すのであろう。実際、押されたり、踏み付けられたり、齧られたり、咬まれたり、飲み込まれたり、吐き出されたり、崩落した岩石によって砕かれたりすることなどのすべての作用が、ときには非常に特殊な結果を生みだすように思われる。そのような作用は、動物の出入りが多い洞窟で骨が被るものであって、コビーが「乾いた状態での運搬」という一つの言葉で表現していることでもある。そしてわれわれは、このように奇妙なもの、あるいは風変わりなものが、まさに自然の営力によって選択され、残ったものであると考えなければならない。例えば、壁の窪みの中の頭骨は保存される可能性が高いが、洞床の中央にある頭骨は踏み付けられて破片になり、堆積物の中に押し込まれた遊離歯や骨の破片だけが残るのであろう。ミクスニッツの近くにある「竜の洞窟」では、約3万から5万頭のホラアナグマが死んだと見積もられているが、保存のよい頭骨は76個ほどしか見つかってない。約500頭に対して1個しかない頭骨は、あたかもだれかが頭骨を安全な場所に置いたかのように見えても、何の不思議もない。

このような可能性を考慮すると、ベティスの近くにあるドラッヘンロッフ洞窟の中でホラアナグマの頭骨やその他の骨が故意に埋められたとする証拠は、今や受け入れることができないように思われる。南ドイツのペーターズヘーレや、オーストリアのミクスニッツの近くにある「竜の洞窟」や、スイスのヴィルデンマニスロッフのような他の洞窟でも状況は同じである。それらの洞窟では、本当に「箱」の中に入れられたと主張されてきたわけではないが、頭骨や他の骨が故意に置かれたと主張されてきた。

例えば、ペーターズヘーレでは大量にたまった頭骨が多くの岩とともに発見された。そこでは、1個の頭骨が炉の跡のそばにあったが、その骨には焼かれた痕跡はなかった。もちろん、そのような岩がその間に入りこんだ頭骨を保護することになったのだろう。だから、骨の配置は完全に自然の営力によるものだと言えるだろう。ミクスニッツのその洞窟では、側方へのびたアーベルの回廊と呼ばれる通路があり、そこには42個以上のホラアナグマの頭骨と多くの長骨が発見された。ここでもまた、人類が介在したことが想定されたが、ヨーゼフ・シャドラーはそれらの骨がたまる現象を自然の営力で十分に説明できると考えた。

ヴィルデンマニスロッフで、ベッヒラーはホラアナグマの頭骨の上に石灰岩の石板が載っているのを発見し、それは「わざと水平に置かれたという印象を与える」と述べているが、大部分の平たい岩の板は自然に水平に載るのだろうと考えると、そのような印象にはあまり説得力がない。

「クマが崇拝されたこと」を熱心に唱えることは、自然に広まりやすい。もともとの著作からの二次的、三次的な引用は、もともとのものにしばしば見事な装飾をほどこしてしまうという傾向が見られる。ブルイユ神父のような冷静な先史学者の著作にさえ、それは見られる。彼は、かつてペーターズヘーレを旧石器時代の「礼拝堂」と呼んでいた。アーベルのドラッヘンロッフについての記述では、「いくつもの石の箱」があって、それぞれには4個か5個のクマの頭骨が入っており、実際にはフリントでできた遺物はまったく発見されなかったのだが、クマ化石に伴って「夥しい数の石器や骨器」もあったと記されているのである。アーベルによれば、これらすべてのことが、「ムスティエ期[*6]の中部ヨーロッパでクマを捕殺して頭骨

---

*6　ヨーロッパにおける旧石器時代の一時期のことで、このような時代区分は遺跡出土の石器の型式に基づく。旧石器時代を前・中・後期に分けた場合の中期旧石器時代にあたり、原著ではMousterian periodとなっている（訳者による付録2の図参照）。

や長骨を神へのお供え物にしていた」ことを証明しているとのことである。

ホラアナグマが崇拝されたことの証拠として、はなはだつまらない事柄が使われてきた*7。例えば、シベリア中部のあるいくつかの部族ではクマを崇拝し、とりわけその頭骨からある種の歯を取り出すことが知られている。だから切歯や犬歯のないホラアナグマの頭骨が発見されると、「クマの崇拝」を信じる強い信念を持った人の心には、これが現代の実例と同様にネアンデルタール人によるものだという確信をもたらすことになったのかもしれない。もし、ある博物館の標本管理者とこのような議論をすることになったら、あなたが期待できるのは彼の悲しげなほほえみくらいである。彼は、ある種の歯が乾燥した頭骨から抜け落ちやすいということについて深い知識を持っていると思われるからである。

クマの崇拝についての議論でしばしば言及されることだが、ラップ人のクマ祭りは狩猟の儀式であって、生け贄を神にささげることではなかった。クマを儀礼的に食べたあと、骨は埋められたが、少なくとも頭骨といくつかの骨は一般に、ほぼ正しくもともとの位置に埋められた。多くのこのようなクマの墓が見つかっているが、それらはアルプスのホラアナグマで言われているものとは似ていないのである。

私はコビーとともに、最終間氷期や最終氷期の早い時期にヨーロッパに住んでいたネアンデルタール人がクマを崇拝していたという真の証拠は存在しないと結論しなければならないと信じている。クマの崇拝はあったのかもしれないが、証拠はないのである。ドラッヘンロッフ洞窟にあったものが何であったとしても、写真や詳細な平面図などで、それが正しく記録されていないことは、さらに一層残念なことである。

その後の現生人類の時代、つまり約3万5000年前*8から氷河時代の終りの約1万年前*8までの時期になると、そのことについての証拠はいくらか

---

*7　現代や古代の諸民族におけるクマの崇拝など、クマと人間の関係については Ward and Kynaston（1995）にまとめられている。

*8　原著では 35,000 B.P. や 10,000 B.P. となっており、この B.P. の意味は放射性炭素法で得られた年代値の場合、西暦 1950 年から何年前であるのかを表しているが、ここでは単に現在より何年前という意味（before present）で訳した。

はよく残っている。しかし、そのような証拠はわれわれが期待するほど、あるいはいくらかの研究者が主張するほど多くのことを物語ってはくれない。

旧石器時代人の残した芸術作品には、しばしば宗教的な意味があると考えられている。このような芸術作品は、一般に最終氷期後半のものと考えられているが、その時期のヨーロッパには現代人型の人類、つまりクロマニョン人やその後を継いだ人々が住んでいた。このような人類の化石骨は後期旧石器文化の一連の遺物に伴って見つかっており、遺物の多くは絵画や線刻画、彫像といった芸術作品としては抜きん出たものである。多くの絵画は動物を描いており、その大部分はそのような狩猟民の生活に重要であった狩猟動物であった。それはバイソンやオーロックス、アイベックス[*9]、アカシカ、トナカイ、ウマ、マンモスなどである。少数の大型食肉類もまた描かれているが、それらはおそらく獲物と言うよりは競争相手や敵と見られていたのであろう。フランスのドルドーニュにある有名なラスコーの洞窟の絵画では、それら2つのカテゴリーの動物の関係は典型的なものである。そこには狩猟動物を描いた絵が200以上もあるが、ライオンは6か7で、クマは1点にすぎない。旧石器時代の芸術作品の中で、クマは全部を合わせても約100点である。

さらにクマの絵を詳しく見ると、それらの大部分はおそらく現生種のウルスス・アークトス（*Ursus arctos*：ヒグマ）を表しており、ホラアナグマではないように見える。さらにホラアナグマが生きているときにどのような姿であったか正確にはわからないことから、それらの絵がヒグマにもホラアナグマにも似ている場合は、それらの絵がどちらの種を表しているかを決めるのは容易なことではない。加えて、それらの絵の作者が正確に描写することに関心があったかどうかについても何の保証もない（それどころか、オオカミの尾をもったクマのように見える場合すらあるのである）。

最もすばらしいクマの絵の一つが、ドルドーニュにあるテジャの洞窟から見つかっている。そこに描かれた動物は、ヒグマに非常によく似ている。

[*9] ウシ科のヤギ属（*Capra*）に属し、学名は *Capra ibex* である。現在はアルプス山脈の一部とピレネー山脈といった高山に自然分布が限られているが、更新世にはヨーロッパの山地に広く分布していた。

図 29　フランスのドルドーニュにあるテジャの洞窟から見つかった旧石器時代のクマ、おそらくはヒグマ（ウルスス・アークトス；*Ursus arctos*）の線刻画。コピーによる。（サイトウユミによる描き直し）

頭部は丸みを帯びているが、前後肢は長くほっそりしている。おそらくそれと同じ種がアリエージュにあるトロワ・フレールの洞窟の非常に特殊な線刻画に描かれている。ベグアン伯爵とブルイユ神父によれば、このクマは血を吐いているように見え、その体にはいろいろな印があって、それらのいくつかはおそらく槍や他の飛び道具を表しているようである。そのクマの平坦で低い横顔は、それが明らかにヒグマであって、ホラアナグマではないことを示している。

似た特徴は、他のいろいろなクマの絵にも見られる。その例として、ス

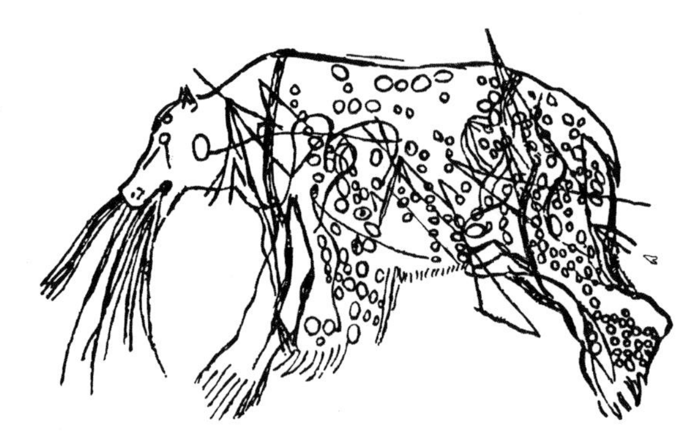

図 30　フランスのアリエージュにあるトロワ・フレール洞窟から見つかったもう一つの線刻画で、おそらくヒグマ（ウルスス・アークトス；*Ursus arctos*）であろう。槍で傷つけられ、血を吐いているクマと見なされてきた。コピーによる。（サイトウユミによる描き直し）

ペイン北部のサンタンデル近郊、サンティマミーニェの近くにある洞窟の黒い顔料で描かれた絵や、他の場所の2つの横顔の絵、1つはラスコーの洞窟から見つかったもので、もう1つはドルドーニュのラ・マドレーヌの洞窟から見つかったものであり、ピレネー山脈のイスチュリッツ洞窟から見つかった小さな立像にもそのような特徴が見られる。これらのどれにも、ヒグマ以外のクマと見なす理由がないのである。

フランスのエンにあるラ・コロンビエール洞窟から見つかった2枚のやわらかい石板には、クマを表した線刻画が描かれている。それらの1つには頭部だけが描かれており、それは丸みを帯びた横顔で、ブタに非常によく似た鼻づらをもっている。アーベルが示唆しているように、これはホラアナグマかもしれないが、決定的な証拠はない。もう1つの石板には全身が描かれていて、その頭部はホラアナグマにやや似ているが、前後肢はかなり長く、ほっそりとしている。ほぼ同じ型の別の動物がアリエージュのマサから見つかった石板に描かれていた。これらのすべてもまた、ヒグマの可能性がある。

最後にドルドーニュのコンバレーユ洞窟から見つかった線刻画が注目される。それは短く強力な前後肢と突き出てアーチ型になった頭部を持ち、非常にずんぐりした頑丈な体のクマを表している。これらすべては、ホラアナグマを識別する特徴なのである。そのクマの吻部はよく発達していて、何人かの研究者がホラアナグマの特徴としているパグ[*10]のような形にはな

図31　フランスのエンにあるラ・コロンビエール洞窟で見つかった石板に彫られたクマの頭部。鼻ずらや額の形からアーベルは、これがホラアナグマかもしれないと考えた。アーベルによる。（サイトウユミによる描き直し）

*10　イヌの品種の一つで、吻部（鼻ずら）が著しく短縮した短頭型の小型犬。河村・河村（2011）のコラム3.2にわかりやすく解説されているので、参照されたい。

図 32　フランスのドルドーニュにあるレ・コンバレーユで見つかった線刻画で、おそらくホラアナグマ（ウルスス・スペラエウス）を表している。コビーによる。（サイトウユミによる描き直し）

っていない。しかし、第 1 章に記したように、このような特徴を当然持っていなくてはならないと考える必要はない。だからレ・コンバレーユのクマは、おそらく絶滅したホラアナグマを目撃した絵なのであろう。一方、それが非常に大きくて太ったヒグマを表していないのだと完全に確信することもできないのである。

レ・コンバレーユのクマは前へゆっくり動いている、あるいは死んで右側を下にして横たわっている状態を表している。体の上には線が彫り込まれていて、それは槍を表しているのかもしれないし、そうでないかもしれない。洞窟の絵画は長い間、いわゆる共感呪術によるものと解釈されていた。つまり、ある動物を描くこと、特にその動物に槍がささっているのを描くことで、狩人は実際の動物に影響を与えて、狩りの成功を確かなものにするということである。そのことは、今でもまだ行われている。憎んでいる誰かの写真を撮って、それに針を刺し、その人が死ぬことを期待することである。

しかし、ペーター・J. ウッコやアンドレ・ローゼンフェルトによって指摘されてきたように、例えば、これは洞窟絵画について可能性のある多くの解釈の一つにすぎないのであって、特に動物が実際傷ついて描かれていたり、あるいは槍かそれに似たものとともに描かれていることは非常に少ないので、そのような解釈を好んで採用する理由はほとんどない。アレクサンダー・マーシャックは、洞窟の線刻画の多くが明らかに異なった人々によって何度も書き直されていることを発見した。実際にある種の儀式が考えられたが、その意味についてはまだ不明である。

このようなことに関しては、フランスのピレネー山脈にあるモンテスパンの洞窟で、1923 年に勇敢な洞窟探検家のノルベール・カストレによって発見された粘土でできた頭のないクマの像が最も注目に値する芸術作品である。それは実物大の像で、高さが約 2 フィート（0.6 m）で、長さがほぼ 4 フィート（1.2 m）あり、腹を下に横たわっている頑丈な体つきのクマを表している。それは、もともとはクマの毛皮でおおわれていたと考えられており、頭は木の棒で本来の位置に取り付けられていたと考えられている。この像は槍の痕で穴だらけになっている。だからそれは、おそらく儀式に使われていたのであろう。おそらく共感呪術のようなものであろう。M. カストレ[*11]と彼の助手のアンリ・ゴダンはその像の前肢の間で若いクマの頭骨を発見した。彼らは、専門家がその頭骨を調べれば、どの種が儀式の対象であったのかがわかるということを知っていた。

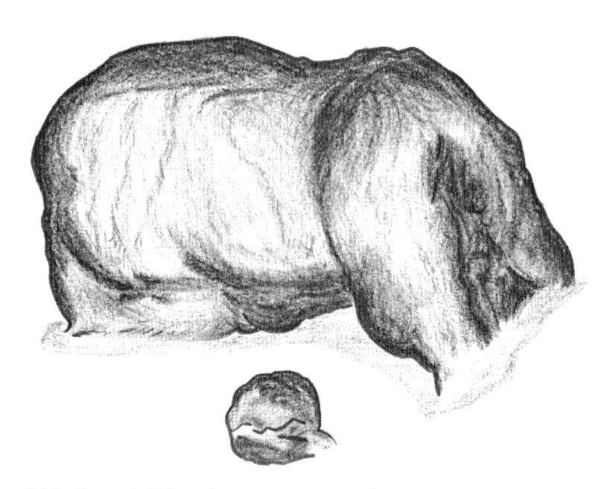

図 33　フランスのピレネー山脈にあるモンテスパン洞窟で見つかった粘土でできた頭のない像。近くで発見されたクマの頭骨は不幸なことになくなってしまった。M. ブイヨンの写真から描き直した。（サイトウユミによる描き直し）

*11　カストレは Norbert Casteret であるから、N. カストレとなるはずであるが、ここでは原著のままにした。以下も同様。

1974年8月17日の手紙の中で、M. カストレは50年以上も前に発見された頭骨の運命について語っている。彼は、すぐにモンテスパン洞窟に呼び出された専門家たち（ブルイユ神父やキャピタン博士、ベグアン伯爵、それにガロ女史）が見られるように、それを現場に残してきた。専門家が来る前の2日の間に、水浸しだった洞窟の内部を排水するための溝が掘られていた。その像のところに戻ってきたM. カストレと呼び出された専門家たちは、頭骨がなくなっているのを見つけて大いに驚いた。盗まれてしまったのだ。だからこの頭骨はカストレとゴダンに見られただけで、科学の世界から消え去ってしまった。そしてモンテスパンの儀式にどの種類のクマが関わっていたのかを知ることは、おそらくまったくできなくなってしまうのだろう。

ホラアナグマを崇拝したという確証はないけれども、少なくともわれわれは、ホラアナグマと同時期にいたネアンデルタール人やその後のクロマニョン人のような初期の人類が、ホラアナグマのことをよく知っていたと考えることができるのかもしれない。現代において、ヒグマやアメリカヒグマが人々によってせっせと狩猟され、多くの地域で絶滅してしまったことをわれわれは知っている。初期の人類もまた、ホラアナグマの狩猟をしたのだろうか。

ホラアナグマの狩猟を専門に行う部族がいて、彼らの活動の少なくとも一部は遺骸の形成に関わっていたという考えが、ときには提唱されてきた。ロタール・F. ヴォツ教授は初期の人類の経済において、クマの狩猟を行った段階があったことに言及している。人類によって形成されたとされるこのような化石群集の特徴を明らかにしようとする熱心な試みが、エミール・ベッヒラーの息子のハインツ・ベッヒラーによって行われた。彼は遊離した歯の丁寧な分析の結果にもとづいて、異なった洞窟のホラアナグマの集団の年齢構成にある種の違いがあることを明らかにすることができた。なぜなら初期の人類は、明らかに未成熟なクマの方が、成獣より捕殺しやすいということを知っていたと考えられるからである。

クマ猟を専門とした部族がいたという考えを否定することには、いくつかの理由がある。まず初めに、クマの化石を多産する洞窟の堆積物に含まれるリン酸塩の高い含有率は、ホラアナグマの死骸の多くがその場所に残されて腐ったものであり、人類が食べたものではないことを証明している。大部分の洞窟で若い個体が多数発見されることに関しては、単に自然の死亡率によるものと考えられるのである。そのような死亡率の高さは、未成熟な個体や老齢の個体で特に顕著である（実際、エリザベス・シュミット教授によって指摘された）。この問題については第7章で再び述べる。

ところで、クマ化石を多産する洞窟の大部分では、石器はあったとしても、非常に数が少ない。旧石器時代人が長く定住すると、そこに無数のフリントの破片をまき散らすことによって居住の痕跡が残されるという傾向が見られる。捕殺されたクマの皮を剥ぎ、切り刻むことはなかなか骨の折れるの仕事であり、そのような処理をすると1個を超える数のフリントの石器が壊れてしまい、捨てられてしまうだろう。また骨には解体のときの切り傷がついているであろう。しかし実際に骨に見つかる傷跡は、明らかに「乾いた状態での運搬」や、それに類する作用でできた偶然の割れ目か、腐肉食者やものを齧る動物がつけた傷跡である。壊された長骨は、人類が骨髄を取り出すために壊したことを示すと考えられてきたが、クマの長骨にはウシやヒツジのそれにあるような容易に取り出せる骨髄がない。ハイエナは、クマの骨を砕いて食べてしまうことによって、その中に入っている栄養分を利用することができるが、人類にはそのようなことはできないのである。

クマ化石を多産する洞窟の典型的なものでは、抜け落ちた乳歯もまた数多く見つかるが、それらの歯の歯根は吸収されている*[12]。このことは、若齢のクマがそのときに洞窟内で安全に冬眠していたことを証明している。なぜなら、そのような歯は生きているクマから抜け落ちたもので、死んだクマに由来するものではないからである。多くの洞窟では、そこにクマがいたことを示すその他の痕跡が見られる。クマがひっかいた跡や足跡がときには見つかるが、それらはもちろんそのクマが数回以上そこにやってきたということを、かならずしも証明するものではない。いわゆる「クマの

---

*12　乳歯が永久歯に生え換わるときには、乳歯の歯根が吸収されてなくなって抜け落ち、そのあとに永久歯が生えてくる。だから、抜け落ちたときにはその動物は生きていたことになる。

磨いた場所」は、まったく異なったことを物語っている。そのような場所は、洞窟の狭い通路の天井か壁に発見される。ときには何個かのやわらかい石板の上で見つかることもある。そのような石板は今日、洞窟の堆積物に埋もれているが、かつては洞窟の天井や壁をつくっていたものである。それらは何百年、何千年もの間、無数のクマが通り抜けることによって鏡のように輝くまでに岩の表面が磨かれたものである。クマが磨いたこのような石灰岩以上に、地球史の時間の長さや、1つの同じ通路を生き物が何度も何度も通ったことを雄弁に物語っているものは、ほとんどないのである。

ホラアナグマの大きな骨は人類にとって道具として役立ったのかもしれない。大腿骨はこん棒になっただろうし、犬歯が抜けないで残った下顎骨は皮剥ぎや穴掘りの道具として使うことができたのであろう。しかし、本当にホラアナグマの骨を使用したという証拠はほとんどない。ホラアナグマの歯に見られる摩耗の痕跡は自然のもので、それがまだ生きているときに、それ自身がつけたものである。骨の破片はときには「クマが磨いた場所」と同じように磨かれており、それと同じ原因によるものである可能性が非常に高い。それらは一部が堆積物の中に埋もれており、骨の露出した部分を動物がこすることによって磨かれているのである。

ホラアナグマの大きな犬歯のあるものは実際に、それを不注意な研究者が人工物だと完全に間違ってしまうほど特別なすりへり方をしていたのである。ある種の摩耗をすると、歯が最終的には非常に弱くなってしまうので、その外側の部分は割れ落ちてなくなってしまう。そのような脱落した歯の破片は、使用によってよく磨かれたナイフの刃に非常によく似ているので、それはかつて「キスケベリーのナイフ」という名称で、人工物だろうと考えられて記載されたことがある（その名称はハンガリーの遺跡名に由来する）。この奇妙なニセの道具に対する本当の説明を行ったのはコビーである。

氷河時代についての物語の中で、ホラアナグマはその大きな体にもかかわらず、一般にたやすく狩猟のできる獲物として描かれてきた。それとは対照的に、ヒグマは尊重され、狩りが避けられていたと考えられていた。ホラアナグマの想定される狩りの方法については、いろいろな復元があり、いろいろに説明されている。

おそらく、最も生き生きとした説明はオテニオ・アーベルによるもので、彼はミクスニッツの「竜の洞窟」のホラアナグマを氷河時代の人々がどのように狩猟していたのかを推定している。彼は、洞窟からそのクマが出て行ったときに、狩りをする人々が洞窟内に入って待ち伏せをしていると、狩りに好都合だということを知っていたのかもしれないと考えた。最終的にそのクマが現れると、クマはその鼻の上に即座に打撃を受けて殺されたり、意識不明にさせられたりした。ここで重要なことは（バッホーフェン・エヒットが断言したことなのだが)、ある神経に損傷を与えることで、即座に麻痺を起こさせることなのである。一人の医師としてコビーはすぐさま、これを途方もない話だと決めつけた。この部分にある唯一の重要な神経である嗅覚神経が損傷を受けても、麻痺が起きたり、即死したりはしないだろうというのである。

右利きのハンターがこん棒でクマを殴ったとしたら、それによる損傷はクマの頭骨の左側に見つかるだろう。他のホラアナグマ狩りの説明でもまた、傷を負ったクマの左側の損傷が強調されている。しかし、ミクスニッツのその洞窟産の頭骨の中で、6 個は左側に損傷を受けているが、16 個は両側に、1 個は右側に損傷を受けている。おそらく、すべての頭骨はたまたま死後に損傷を受けたのであろう。2 個の頭骨は、損傷が一部修復していることを示しているが、それは生きている間に起こったことである。しかし損傷が人類の用いた武器によるものなのか、洞窟の天井の岩石の落下によるものなのか、あるいは何かの営力によるものなのか決めることは難しいことであろう。

チェコスロバキアのモラビアにあるスロウプ洞窟での有名な発見は、1892 年にジンドリッヒ・ヴァンケルによって公表された。ヴァンケルは 1 個の頭骨（おそらくはホラアナグマの頭骨であるが、確実ではない）の頂部の損傷が部分的に修復されていることを発見した。その頭骨の発見の数時間後に、2 人の労働者がその洞窟の同じ場所で 1 個のフリントのかけらを発見した。これがクマに傷を負わせた武器の一部であり、その後クマの頭部に刺さって、最終的にクマが死んでその肉が腐った後に脱落したものなのであろうか。残念ながら、そのフリントのかけらは、どんな投げ槍にも

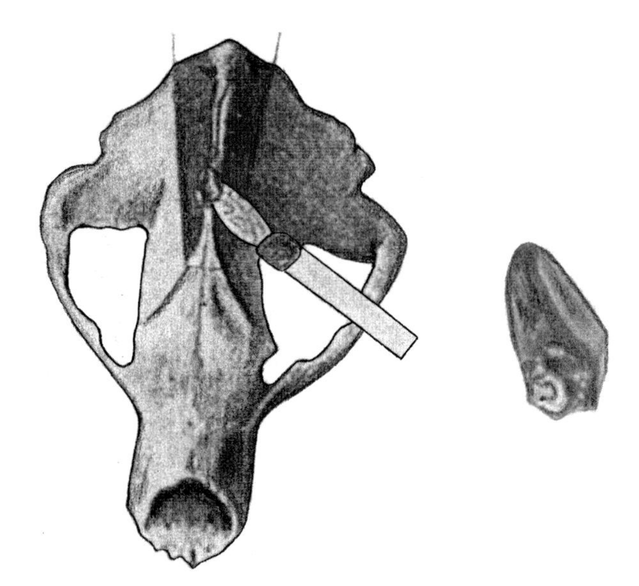

図34　ヴァンケルによるホラアナグマの頭骨のスケッチ。この頭骨は図に示されたような方法で投げ槍によって損傷を受けたと考えられている。実際は頭頂部の破片（暗色の部分）だけが発見された。右の図は近くで見つかったフリントの小片（同じスケールではない）。モラビアのスロウプ洞窟。（デザインオフィス' 50による描き直し）

あまり似ておらず、ここに再掲載したヴァンケルの図（図34）に示されているように、とりわけソリュートレ文化の月桂樹葉型尖頭器には似ていないのである。

頂部に損傷のあるクマの頭骨が見つかることは珍しいことではない。ネアンデルタール人が1頭のクマを殺そうとしたときには、習慣としてその頭の頂部に強い打撃を与えたと推定できるのであろうか。このような初期の人類の知恵やプロとしての知識を過少評価しないようにしよう。彼らは狩猟で暮らしていて、自らの武器の効果についてはすべてのことを確実に知っていた。頭の上部に打撃を与えることで人間を殺すことはできるが、その方法でクマを殺すこと、特に大きな空洞を頭骨に持つホラアナグマを殺すことは、超人的な力を超える強力な力が必要であろう。実際にホラアナグマの頭骨に見られる損傷のいくつかは、おそらくは岩石の崩落によってできたものであり、一方で他のものは炎症の痕跡を示し、その結果とし

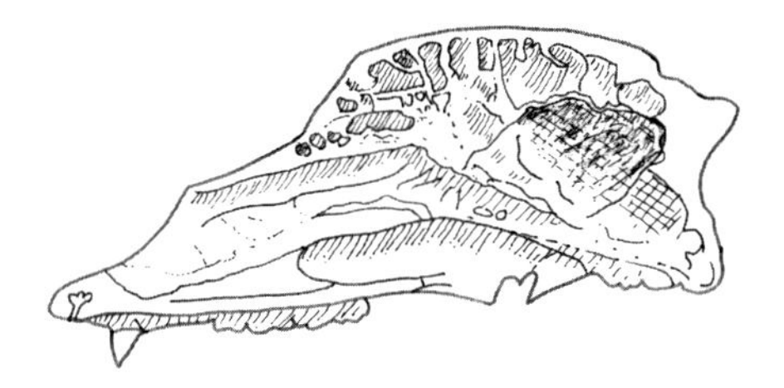

図35　ホラアナグマの頭骨の断面。鼻腔や頭骨上部の大きな空洞、それに頭骨後部のかなり下の方にある比較的小さな脳函を示している。コビーとシェーファーの図を描き直した。(サイトウユミによる描き直し)

て骨溶解が起こっている。第7章で述べるように、その骨が「腐食している」のである。

だから、クマの頭骨の頂部にある穴をいろいろに説明することや、これらの穴にフリントの武器や骨のこん棒を合わせようと試みることは、少々無駄なことのように思われる。弓や矢を知らなかったネアンデルタール人は、必然的にこん棒か槍を選ばなくてはならなかったのであろう。クマ狩りをしようとするとき、正しい選択をするために多くのことを考える必要はなかったのである。

ネアンデルタール人が知っていたかもしれない狩猟法は、もちろんほかにもある。カムフラージュされた落とし穴の罠は、おそらく大型の獲物を獲るのに使われたが、それらの獲物はその後、槍で殺されたり、岩を投げつけることで殺された。しかし、このような罠は、ホラアナグマが棲んでいた丘陵や山地に作るのは難しく、そこではそのような罠の証拠は見つかっていない。

ホラアナグマの化石を産出する洞窟は、大まかに3つのタイプに区分される。第1のものは、もっぱらクマを産出する洞窟で、ここで述べてきた洞窟の大部分のようなものであり、それにはドラッヘンロッフやヴィルデンマニスロッフやミクスニッツなどがある。そこでは化石の大部分またはすべてがホラアナグマで、人類の痕跡は少ししか見つからない。このような洞窟は、ピレネー山脈やアルプス山脈、さらに東のコーカサスでも知られている。第2のグループは、断続的に人類とクマが居住した洞窟であり、人類が居住していないときにはクマが居住していた洞窟である。このような洞窟にもまた多数の例があるが、コーカサスのムツィムタ川の右岸にあるアクシティルスカヤ洞窟はその好例である。この洞窟は現在の河床から約330フィート（100m）上にあって、ムスティエ期前期から歴史時代にかけての時期に、数千年を超える期間、人類が断続的に居住していた。しかし、人類がその洞窟のことを忘れ去ってしまった長い期間もあって、そのときには、洞窟はコウモリやクマによって使われていた。このタイプの洞窟は多く、例えばクロアチアのザグレブ市に近いヴェテルニカ洞窟やドイツ、フランコニアのムッゲンドルフのそばにあるガイレンロイトの古典的な洞窟[*13]がその例である。

クマ化石を産出する洞窟の第3のタイプは、本当にハンターが根拠地としていた洞窟で、そこでは大部分またはすべての動物の骨が人類によってもたらされたものである。このような洞窟では、ホラアナグマの骨も見つかるかもしれないが、それは非常に稀で、狩猟対象となった特徴的な動物の骨と比べるとホラアナグマは完全に見劣りのする存在になっている。さらに、古生物学者のN. K. ヴェレシチャーギンが述べているように、コーカサスの歴史の中では西トランスコーカシアにあるサカツィア洞窟が、ハンターの根拠地としての典型的な洞窟の例を示している。この洞窟には後期旧石器時代人が居住していたが、そのような人々はソリュートレ文化の伝統を示す何千ものフリント製の石器とその破片を残していった。この洞窟で見つかる動物骨の中では、バイソンの骨が大多数を占める。バイソンの骨は1488個もあり、それらは少なくとも32個体[*14]を表している。それとは対照的にホラアナグマの骨は35個にすぎず、5個体を超えることはない。これらの骨はおそらく狩りの獲物であったであろうし、同じことはこ

---

*13 第1章を見よ。

*14 推定最小個体数が示されている。遺跡から出土する動物骨を分析する際には、まずそれぞれの骨が体のどの部分の骨であるのかを決め、左右のある骨については左右に分けて、それぞれの骨の数を数える。例えば左の大腿骨の同じ部分が3個見つかったとすると、大腿骨は1個体に左右1個しかないから、そこには少なくとも3個体がいたことになる。このようにして推定した最小の個体数を最小個体数という。これについては、町田ほか（2003）のコラム6.3-6に解説されているので参考にされたい。

の遺跡から見つかった3個体のヒグマについても当てはまるであろう。

これら3つのカテゴリーのどれにもまったく当てはまらないのが、ハンガリーのエルド遺跡で、この遺跡は開けた場所にあって*15、ムスティエ期のハンターの根拠地であった。典型的なクマ化石を多産する洞窟のように、骨の90%がホラアナグマのものである。またウマやケサイや他の狩猟動物もあったが、それらの動物の骨は、頭骨と四肢骨だけであった。一方、クマの骨格は全身がそろっていた。このことは、クマがその場所で死んだか殺されたものであり、一方で他の動物は他の場所で殺されて、選ばれた部位だけがそこに運ばれてきたことを示している。おそらくここは、人類とクマが同じように生活していた恵まれた場所で、人類がそこにいて実際にクマを狩猟していた場所だったのであろう。しかし、このようなものは非常に珍しい例である。

われわれは今や、ホラアナグマが狩りの容易な狩猟動物で、ヒグマは狩りの難しい動物であるという一般的なイメージがどこか間違っているのではないかという疑いを持ち始めるだろう。実際のところ、それは逆のように見えるのである。大規模なクマ狩りがあって、おそらくはネアンデルタール人の儀式としての行動でもあったように思われる例が少なくとも2例知られているが、どちらの例でも狩りの対象はヒグマであって、ホラアナグマではないのである。

これらの例の1つは、1960年代の初めにフランスの先史学者ユージェン・ボニフェイによって、ドルドーニュの有名なラスコー遺跡に近いレグルドー洞窟の発掘の成果に基づいて記載された。ネアンデルタール人の埋葬に関係して、いろいろなお供え物が作られていたが、その中にヒグマの上腕骨も含まれていた。ヒグマの他の骨は故意に置かれたことを示す位置で見つかった。だから、ホラアナグマではなくヒグマがネアンデルタール人の儀式に関連していたことがわかる。

クマ狩りの他の例はドイツのワイマール近郊にある間氷期のトラバーチ

*15　洞窟ではなく、ごく普通の開けた場所にある遺跡（open-air site）で、開地遺跡とも言われる。

ンから見つかっている。この地域には多くの温泉があり、その鉱物質を含む水は、トラバーチンをつくる石灰華を沈殿させる。氷期の寒冷で乾燥した気候下では温泉は干上がるが、間氷期には厚く連続した堆積物ができ、その中には非常に豊富な化石を含んでいる。タウバッハでは、そのような化石に22種を超える哺乳類が見られる。それらにはビーバーやハムスター、アンティクウスゾウ、メルクサイ、オーロックス、バイソン、オオツノジカ、アカシカ、ヘラジカ、ノロジカ、ダマジカ、イノシシのような動物が含まれている。そこではネアンデルタール人の化石骨やムスティエ型のいろいろな石製品も出土している。著名な古生物学者のヴォルフガング・ゼルゲルは、ずっと以前にそれらの動物化石がネアンデルタール人の食物の残渣であることを認識していた。

タウバッハで最もよく産出する種はメルクサイで、それは狩りの獲物として好まれていたらしい。食肉目の化石は非常に少ないが、ヒグマだけが唯一の例外である。ヒグマの骨や歯は、少なくとも43個体を表しているはずである（本当の数はおそらく数百にのぼる）。

少数の例外はあるが、そのようなクマの化石は断片的なものである。例えば、完全な頭骨は1個も見つかっていない。すでに注目してきたように、このように破片になっているのは、自然の要因によるものと見ることができる。しかし、クマ化石を多産する洞窟では見つからない特別な特徴がそこには見られる。犬歯が故意に壊されているのである（図36）。

それの状態は、自然の摩耗によるものではない。犬歯は明らかにわざと

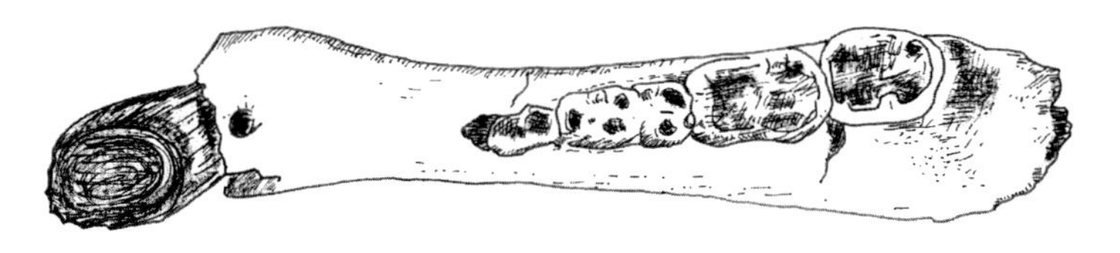

図36　ドイツ民主主義共和国*16のタウバッハにある間氷期のトラバーチンから産出したヒグマ（*Ursus actos*）の下顎骨の破片。頬歯は普通の咬耗をしているが、犬歯の歯冠は人為的に破壊されていた。（サイトウユミによる描き直し）

*16　旧東ドイツのこと。この本が書かれた当時、ドイツは東西に分かれていた。ちなみに当時の西ドイツはドイツ連邦共和国で、現在のドイツと同じ国名である。

壊されていて、歯根だけがそのまま残っている。このことは犬歯の約 80% に当てはまる。それとは対照的に、頬歯は自然に摩耗しているだけである。ネアンデルタール人が、どのようにして、またなぜクマの頭骨や下顎骨の大きな犬歯を壊したのか、よくわからない。重要な点は、このことに関係する種が、ホラアナグマではなく、またもヒグマであることである。実際、タウバッハではホラアナグマの歯はたった 4 個しか見つかっていない。近くのエーリングスドルフでは、ホラアナグマの化石はもっと多いが、ヒグマの化石と同数になるほどではない。

このことのすべてが、少なくとも 8 万年前の最終間氷期以降、人類がずっとヒグマに関心を持ってきたことを示している。ヒグマは、今でもわれわれとともに暮らしているのである。それを狩猟したり、洞窟の壁にその姿を描いたり、彫り込んだりするほど関心を持っていて、少なくともより最近の時代には崇拝や儀礼の対象とするほど関心を持っていた。古代には、クマはアルテミス*17 を崇拝することに関係していた。古い時代には、女神そのものがクマだったことは明らかだからである。そして北の夜空の星座の一つは、今でも大熊座と呼ばれているのである。ヒグマが脚光をあびている間、そのいとこにあたるホラアナグマは、人類に関係するところでは、日のあたらない存在だった。なぜそうだったのかは、たやすく理解できることではない。ホラアナグマは本来、植物食者としての性質を持っており、比較的おとなしい動物だったと考えられてきた。このような考えは完全に間違っているのではないかと疑ってみる余地があるのかもしれない。アフリカバッファローもまた完全な植物食者であるが、それがおとなしい動物だとは思われていない。事実、ホラアナグマは極端に短気な動物だったのだろう。その強大な力と分厚い皮膚のために、それはほとんど無敵の動物となっていた。

しかし、そのことは物語のすべてというわけではない。大型のヒグマもまた、最も恐るべき動物の一つであるが、タウバッハにいたネアンデルタール人はそれを追い、捕殺していた。その問題の解答は、おそらくそれら

*17　ギリシア神話の月と狩猟の女神。

の2種が生息していた場所にあるのであろう。ホラアナグマは人類が近づくことが難しい場所を好んで生活していたのであろうか。あるいは鳥や獣や魚があまり獲れないような、人類にとって魅力のない場所を好んで生活していたのであろうか。ホラアナグマを多産する洞窟では、そこに人類が短期間滞在したり、たまに訪れたりということ以上にホラアナグマが人類と関わったという証拠のある洞窟は、ほとんどないということをわれわれは見てきた。人類がホラアナグマと遭遇することは、やはり比較的少なかったのであろう。

原著の註

ドラッヘンロッフについての報告は、E. ベッヒラー（E. Bächler, 1921; 1940）による。ホラアナグマと人類の関係については、コビーの論文（特に Koby, 1953b とそれより前のいくつかの論文）で議論されている。本章ではいくらかの加筆をして、そこでの推論に従った。ペーターズヘーレについてはヘルマンの論文（Hörmann , 1923）、ミクスニッツについてはアーベルとキルレのモノグラフ（Abel and Kyrle, 1931）、ヴィルデンマニスロッフについては E. ベッヒラーの本（E. Bächler, 1934）を見よ。ラップ人によるクマの埋葬は、ザッフリッソンとイレグレンの論文（Zachrisson and Iregren, 1974）に記述されている。アーベルとコッパースは旧石器時代の絵画の中のクマの描写を研究した（Abel and Koppers, 1933）。旧石器時代の絵画については、ウッコとローゼンフェルトの概論（Ucko and Rosenfeld, 1968）を見よ。多くの新事実や新しい考えは、マーシャックの論文（Marshack, 1972）に示された。旧石器時代人によるクマ狩りについては、多くの論文の著者によって推定されてきた。例えばアーベルとキルレのモノグラフ（Abel and Kyrle, 1931）。ゼルゲルの本（Soergel, 1922）やヴォッツの本（Zotz, 1951）も参照せよ。ホラアナグマの標本に見られる年齢構成については、H. ベッヒラー（H. Bächler, 1957）によって解釈が行われたが、その結論はシュミットの論文（Schmid, 1959）によって否定された。アーベルとキルレのモノグラフ（Abel and Kyrle, 1931）には「クマの磨いた場所」の多くの例が示されている。スロウプ産の傷を負ったクマの化石については、ヴァンケルの本（Wankel, 1892）やコビーの論文（Koby, 1953b）を見よ。コーカサスの遺跡についてはヴェレシチャーギンの本（Vereshchagin, 1959）、ヴェテルニカの遺跡についてはマレッツの論文（Malez, 1963）、エルドの遺跡についてはガボリ・ツァンクの論文（Gábori-Czánk, 1968）で論じられている。ボニフェイの論文（Bonifay, 1962）ではレグルドーについて、クルテンの論文（Kurtén, 1975 and in press）ではエーリングスドルフとタウバッハのクマの化石について報告されている。古代のクマの儀礼についてはマテソンの論文（Matheson, 1942）を見よ。

第７章

生と死

誰もが生きたホラアナグマを見ることはけっしてないだろうが、死んだホラアナグマの骨はどっさりある。今はホラアナグマがいつ頃、どのようにして、そしてなぜ死に絶えたかという問いの答えを捜すときなのだ。

ホラアナグマが生活していた地域では、ホラアナグマにとって危険な敵はおそらくほとんどいなかったのであろう。人類はその敵の一つではあるが、これまで見てきたように、洞窟の中で見つかるホラアナグマの化石のうち、わずかな数の化石だけが人類の狩猟によるものと見なされているにすぎない。ホラアナグマと同時期にいた食肉類はどうであろうか。

ヒグマについての大部なモノグラフの中で、フランスの博物学者のマルセル・A. J. クチュリエは人間以外でヒグマの最も危険な敵はオオカミだと述べている。オオカミの群れは、クマの成獣を襲い、それを倒すことが知られている。ソビエト連邦のウスリー盆地では、トラがヒグマを襲うという記録もあるが、これはまったく例外的なことである。トラとヒグマは互いに関わりがなく、同じことはホラアナライオンとホラアナグマの間にも当てはまる。もちろん、親に守られていない仔グマは、これらの動物や他の食肉類がたやすく獲ることができる獲物である。

ホラアナハイエナの群れは、ときにはホラアナグマを圧倒することがあったかもしれないが、おそらく壮年のホラアナグマが同じ時代の食肉類から脅かされることはほとんどなかったのであろう。一般的にこれら2種類の動物は異なった世界で行動していたようである。洞窟でホラアナハイエナがごく普通に見つかる場合はホラアナグマは稀にしか見つからないし、その逆もまた言えるのである。

ホラアナグマは植物食という習性を持っているが、おそらく当時生息していたバイソンやオーロックス、イノシシ、サイなどの大型で獰猛な有蹄類とは出会わないようにしていたのであろう。クマ同士の闘争は起こったかもしれないが、多くの場合、同一種内での争いは多少とも儀礼的な行事のようなもので、それによって致命的な傷を負うことは最小限に保たれていた。

それでは、原因として何が残っているのであろうか。ホラアナグマが死ぬ原因として、事故や飢え、のどの渇き、老化、病気をあげることができるであろう。

事故はおそらく、ホラアナグマの死に重要な役割を果たしたのであろう。洞窟内での岩石の崩落については、すでに述べた。多くの洞窟、とりわけガイレンロイトの洞窟はまた自然の落し穴となった。隠れ家を捜しているクマが竪穴に落ちてたやすく死んでしまうか、もし生きていたとしてもそこを登って脱出することはできないのである。ガイレンロイトの洞窟では、クマ化石の大部分は、急な岩だなの下で見つかり、そこではホラアナグマが転げ落ちたのである。多くの部屋が迷路のようになった非常に大きな洞窟は、入りこんだ不注意な動物の罠になったのかもしれない。そのような動物は果てしなく長い通路で迷ってしまって飢死にしてしまったのであろう。

しかし、大部分の洞窟の化石は冬眠中に死んだクマのものなのである。われわれがホラアナグマについて知っていることは、おそらく他のどんな学者よりウィーンのクルト・エーレンベルク教授によるものが多いのであるが、彼が示したようにミクスニッツのその洞窟産の化石は一連の異なった年齢段階のものによって構成されているのである。生まれたてのもの（クマネズミの大きさ）、1才のもの（オオカミの大きさ）、2才のもの（ハイエナの大きさ）、3才のもの（ライオンの大きさ）、そして成獣である。出産は、ヒグマの多くでそうであるように、おそらく11月から2月にかけて行われた。その洞窟の中で死んだのは、主に夏季に十分に脂肪をためることができなかった個体で、ためた脂肪が少なくなってしまう冬眠期間の終り頃に、寒さが積み重なって犠牲者が多く出たのであろう。母親が死ぬと、まだ母親にたよっている若い個体も死んでしまった。ミクスニッツの堆積物のいろいろな場所では、2個体かそれを超す数の新しく生まれたばかりの仔グマが、洞窟内の湧水の近くで一緒になって見つかることがよくあったが、エーレンベルクはそれらが同じ親から生まれた仔であろうと述べた。仔グマたちは何らかの伝染病で死んだのか、母親が死んだために死んでしまったのであろう。同じ親が産んだこのような仔の遺体のそばで1才のクマの遺体が見つかることがあったが、エーレンベルクはロシアの現生のヒグマに見られる、いわゆる「養育者」あるいはペスタン[*1]の存在を指摘している。年上の仔グマが、その母親やその年に生まれた若い個体とまだ一緒にいるということである。

エーレンベルクは、若いホラアナグマの歯の生え換わりによって起こる特性についても述べた。非常に小さな乳歯が抜け落ち、巨大な永久歯に置き換わっていくのだが、それらの歯は2回目の冬を迎えたばかりのホラアナグマの小さな顎骨には、まだ大きすぎたのである。顎骨がつくり変えられていく状況は驚くべきものであった。最も後ろの大臼歯ができ上がってくるときに起こる回転について見てみよう。最初にできるとき、その歯は下顎枝[*2]の中に入っていて、ほとんど垂直に立っており、その前端は下を向き、歯冠の表面[*3]は内側を向いている。この位置から、まだ下顎枝におさまっている状態でその歯は、下顎枝が成長する間に成獣の位置までゆっくり回転する。2才のホラアナグマの歯列で大臼歯が最終的な位置におさまるまで、歯冠は水平方向に向って回転し、歯の前端は上昇し、後端は下降する。

他のいくつかの歯、特に大きな犬歯は、それらが成長して本来の位置につくときに、ほぼ同様の複雑な回転をした。顎骨への些細な物理的な損傷

[*1] ペスタン（pestun）は、前年かその前に生まれた動物の仔のことで、母親とともに行動して、新しく生まれた仔の世話をすると言われている。

[*2] 哺乳類の下顎骨には、水平にのびて歯が生えている下顎体（水平枝 horizontal ramus）と後方にあって上方へのび顎関節のある下顎枝（上行枝 ascending ramus）に区分される（下顎枝については第2章の訳注[*17]参照）。図40や図41を参照せよ。

[*3] 第2章の訳注[*12]で説明したように、歯は一般に口に中に出ている部分（歯冠）と、それを顎骨の中で支える根の部分（歯根）に分かれ、その境界を歯頸という。これらは容易に区別できる。植物食の動物の頬歯では歯冠が高くなり、顎骨の中にまで歯冠がのびていることがあり、極端なものでは歯根ができずに歯冠が死ぬまでのび続ける。ここで言う歯冠の表面とは、歯冠の表面のうち歯の咬み合う面（咬合面）のこと。

でさえも、そのような過程をかき乱すことになった。おそらくは、それに続いて起こる激しい炎症を伴っていたのであろう。食物がうまく噛めなくなると胃や腸の病気が引き起こされたのであろう。

このことから、われわれは病気をホラアナグマの死の原因の一つと考えるようになる。実際にオーストリアの病理学者リヒャルト・ブロイアーやエーレンベルク、それに他の多くの人々によって病気の長い一覧表がつくられている。

多くのホラアナグマは明らかに骨関節炎を患っていた。この病気はしばしば関節に骨のこぶをつくるいわゆる骨化過剰症を引き起こし、それはときには異様な様相を示す。椎骨あるいは四肢骨はしばしば癒合して1つの骨の塊となり、それによってその動物は体が不自由になったに違いない。

くる病は、もう一つの普通に見られる病気であった。それはホラアナグマの食生活に関係しており、おそらくは太陽の光が届かない暗い洞窟での長期にわたる滞在にもまた関係していた。エーレンベルクが記しているように、この病気の証拠は、特に7200フィート（海抜2200m）の高さのダッフシュタインの洞窟のようなアルプスの高い場所にある洞窟で普通に見られるが、3300フィート（海抜1000m）のミクスニッツの洞窟ではそれより少なく、約520フィート（160m）の高さにあるヴィンデンのクマの洞窟ではほとんど知られていない。彼が示したように、冬眠の期間の長さはその場所の高さと直接に関係しており、洞窟が高ければ高いほど、夏の期間が短いのである。

他の疾患は、いろいろな器官を激しく使うことによって起こるようである。エーレンベルクは破断した筋肉、腱あるいは骨膜（その骨の覆い）の炎症による前肢骨の骨化過剰症に注目した。これらの症例には、健康な状態の標本から激しく損傷したものまであらゆる段階のものがある。歯が激しく咬耗すると歯根や歯髄腔が露出するようになり、その結果そこがただれる。いくつかのホラアナグマの歯には虫歯も観察されてきた。

コビーは、ホラアナグマの頭骨にある大きな前頭洞*4は感染を起こしや

---

*4　前頭骨の内部にある骨で囲まれた空所。

すく、その結果、骨溶解が起こったことに注目した。つまり骨が溶食され穴だらけになることで、このようにしてできた穴は不規則に丸く、なめらかな輪郭を持っていて、物理的な損傷でできた傷とは、容易に区分される。コビーは、シロイタチや他のイタチ科のいくつかの種類の場合と同様に、寄生虫の害によってそれが起こったのかもしれないと考えた。

事故にあったり、強打されたり、咬まれたりすること、その他それらに類することによる物理的な損傷によって、さらに他の病気が起こった。治癒した骨折がしばしばホラアナグマの化石で見つかる。例えば、骨折した四肢骨が奇妙な角度で再癒合しているもので、このような骨を持ったホラアナグマは一生、不具であった。陰茎骨が骨折し再癒合している例でさえ、いくつもある。クマ類では陰茎骨の骨折はかならずしも致命的なものではない。なぜならイヌ類とは異なり、尿道がその骨の中に入っていないからである。

破損した歯、特に破損した犬歯は普通に見られる。私がこの本を書いているとき、私の前には若いホラアナグマの頭骨、おそらく5才から6才未満の壮年期の立派な頭骨がある（第2章の図4参照）。それの右上顎犬歯は生きている間に破損し、それのまわりの骨はひどい炎症で腐食してしまっ

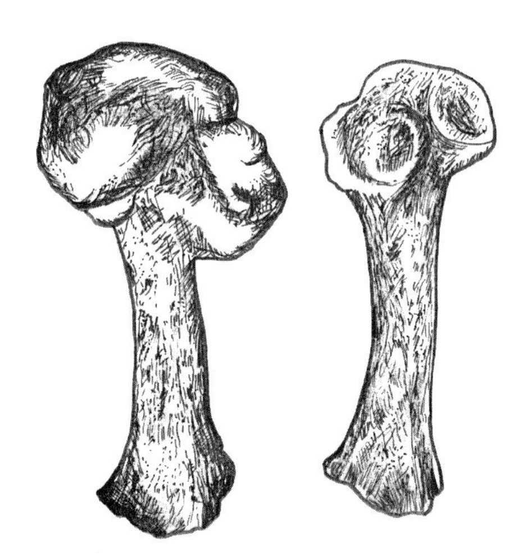

図37　ホラアナグマの左脛骨。左の標本の病的な状態は、骨頭の骨折によるものである。エーレンベルクの写真から描いた。（サイトウユミによる描き直し）

ていた。このホラアナグマは、おそらく普通に食べることができなかったのであろう。だから冬眠中にやせ衰えて発熱した状態で一生を終えたのであろう。

おそらく何頭かのクマは結局、非常に年老いて死んだようだ。歯は年齢のためにすり減って歯根だけになっていて、それらのクマは食物をまともに噛み砕くことができず、冬眠中に死んでしまった。

このような場合の大部分では、ホラアナグマが1つの洞窟を一生の最後の棲み家としていたのであろう。それはそのクマの縄張りの中心であり本拠地であって、そのように考える理由がある。もし、そのように考えるのなら、多くのホラアナグマ、たぶん大部分のホラアナグマは実際に洞窟の中で死んだという可能性が高くなってくる。だから更新世後期にヨーロッパに棲んでいたホラアナグマの非常に多くものが、結局は化石となったのかもしれない（もちろん化石の大部分は断片的なものなのだが）。そしてそれらは、大体が科学に利用できるものなのである。それは特殊なことである。他の種で同じことが言えるものを私は知らない。ここに、まさに古生物学者に対する一つの課題がある。

このような驚くべき化石記録から、われわれは何を学ぶことができるのだろうか。ホラアナグマを豊富に産する化石産地の一つに注目してみよう。そしてこの動物の生と死について、それが物語っていることを見てみよう。ここで記述する標本は、100年以上も前にフィンランドの博物学者アレクサンダー・フォン・ノルドマンによって収集されたもので、そのとき彼は黒海沿岸のオデッサ市にある高校の教師をしていた。彼は故郷のフィンランドに戻ったときに、彼の膨大な化石の収集品を持ってきたが、それが今日のヘルシンキ大学の地質学古生物学科の博物館の中心的な収集品となった。

ノルドマンは、オデッサとその近郊のネルバイ村の2つの洞窟から化石を採集した。1858年に出版された彼のホラアナグマについてのすばらしい研究は、今でもこの分野の古典的な名著である。

古い収集品の多くでそうであるように、化石を産出したそれらの洞窟の堆積物の詳細な層序はわからないが、ホラアナグマの骨のコラーゲンを用いて測定された放射性炭素年代は、ホラアナグマが約2万7000年前に生きていたことを示している。これは、最終氷期の中で一時的に気候が温暖化したヘンゲロ亜間氷期やデネカンプ亜間氷期の頃で、その時期にはヨーロッパに現代型の人類が現れた。ノルドマンは、化石人類の痕跡あるいは人工物を報告しなかったが、彼の収集品の中からはホラアナグマ以外に他の23種もの哺乳類が見つかった。それらの哺乳類は、主にイノシシやアカシカ、ダマジカ、ノロジカ、コサックギツネのような「温暖型」あるいは「温帯型」の種類であった。それらには、ときにトナカイやマンモスゾウのような北方系の種類も含まれていて、洞窟の堆積物が最終氷期の最後の寒冷期まで続いていたことを示している。

それでもなお、本当の意味でのクマ化石を多産する洞窟のすべての場合と同様に、化石の大多数はホラアナグマなのである。性比は50対50に近く、それらの洞窟は、オスとメスのホラアナグマにとってほぼ同等に魅力的なものであった。化石の大部分は遊離した歯である。まだ顎骨に固着した歯も含めて、それらの歯を分析することによって、ホラアナグマの集団の変動の様子、つまり出生と死亡の間の釣り合いの様子を描き出せるのである。

まず最初に、われわれは乳歯を見なくてはならない。それらは、かなりのことを物語ってくれる。ここで乳犬歯に焦点を絞ることは有益なことである。それは他の乳歯よりはるかに数が多い。このような小さく尖った歯

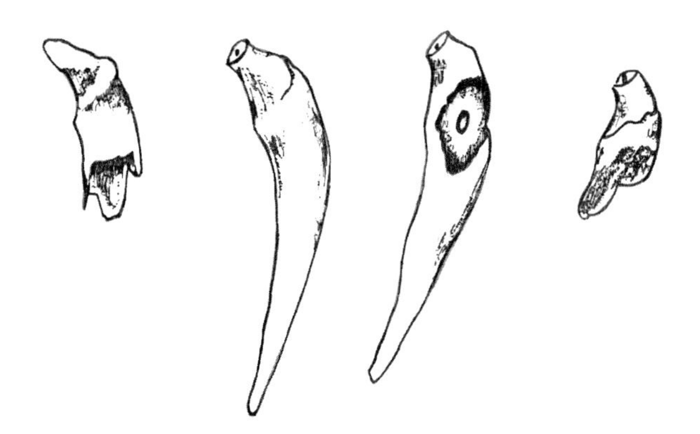

図38　ソビエト連邦オデッサ産の若いホラアナグマの乳犬歯。左から右に順番に、歯のエナメル冠がまだ顎骨の中に隠れていて、歯根が形成され始めているもの、未咬耗（先端は破損）の歯で歯根が完全にできているもの、歯根に再吸収痕がある歯、再吸収された歯根をもつ脱落歯。（サイトウユミによる描き直し）

は実際のところ200個を超える数があって、それは大型のホラアナグマに成長する動物のものとしては奇妙に小さいように思われる。乳犬歯のすべてが、同じ成長段階にあるのではない。まず最初に、歯胚にすぎないものはかなり少ない。それはエナメル冠*5だけでできていて、歯根はかろうじて形成が始まっているにすぎない。そのようなものは非常に若い個体のもので、そこでは乳歯でさえ、まだすり減っていない。実際そのような歯のいくつかは、母親が死んだときにまだ母親の胎内にいて、母親とともに死んだ胎児のものである。

次の段階の歯はやや発育が進んだもので、歯根は形成されたが、歯冠はまだ咬耗していない。そのような歯は、生まれて最初に訪れた冬にまだ母乳を飲んでいた仔グマのものに違いない。そのような仔グマは晩冬から春にかけての何か月もの長い期間、真っ暗な洞窟の中で母親の母乳を飲んで暮らしていたが、夏の暖かさで洞窟から出て行く前に死んでしまったものである。

その次には、何が来るのであろうか。ああ、これはおもしろいことである。次には、しばらくの間、まるで何の記録もないのである。クマたちは洞窟を出ると、そのような一連の記録が途切れてしまう。われわれは仔グマたちを見失ってしまうのである。つまり、彼らがその洞窟の中で次の冬を過ごすために戻ってきたときには、すでに多くの出来事が起こっていたのである。仔グマたちは成長していて、永久歯がもうすり減っている。

乳犬歯から、このことを物語ることができる。乳犬歯が脱落する前に、その歯根は次第に溶けていくが、このような過程が進行していくことを示すいろいろな標本がある。歯冠もまたすり減っているが、そのことはクマたちが夏の間に歯を使っていたことを示している。いくつかの歯は咬耗の非常に早い段階や歯根の吸収を示している。このような歯はおそらく晩夏に死んだクマたちのもので、夏の間にも洞窟が彼らの「家」、特に病気や無防備の状態から逃れるための「家」であったのかもしれない。しかし大部分のものは、歯冠がひどく咬耗していて、歯根は再吸収によって部分的に

---

*5　原語はenamel capで、帽子のように歯冠の表面を覆うエナメル質の部分。

溶食されている。このような個体は 2 回目の冬に、歯が脱落する前に死んでしまったものである。

最後に、歯根が完全に溶けてしまった乳犬歯が大量にある。そして乳歯に関する限り、ここでは死亡率に関する記録が中断してしまう。これらの歯は死を表していないのである。それらの歯は抜け落ちたものであり、それらが抜け落ちた後でもそのクマは生きていた。乳歯が抜け落ちるのは 2 回目の冬であり、おそらくその時期はいろいろだろうが、おそらく年が変わる頃であろう。もちろん、これらの抜け落ちた歯で表されるクマのうち何頭かは、それでもなお同じ冬の後の方で死んだのかもしれないが、われわれはそのことの記録を見つけるために、それらのクマの永久歯を調べなくてはならない。

さてここで、ホラアナグマの初期の死亡率について乳歯が物語っていることを見てみよう。この収集品の中では、全体で 204 個ある乳犬歯の中で 13 個が胎児または新生児のものであり、26 個がまだ母乳を飲んでいる仔グマのものである。だから最初の冬の死亡率は 204 個中の 39 個で、それは 19.1% となる。この数字は 11 月あるいは 12 月に仔グマが出生する少し前から 4 月または 5 月に洞窟が最終的に空き家になるまでの期間を含んでいる。大まかに言って、それはクマの一生のうち最初の半年の死亡率を表している。

2 回目の冬の死亡率に関しては、その期間の一部、つまり乳犬歯が抜け落ちるまでの期間についてわかるだけである。ここでは 165 のうち 25 が死んでいる。言い換えれば死亡率は 15.2% となる。この数字は 2 回目の冬の最小の数であり、これから見て行くように、永久歯ではそれよりかなり高く見積もられる。

1 才の仔グマの永久歯を見分けることは、とても簡単なことである。そのような歯の歯冠は主にエナメル冠でできていて、歯根は一部ができているにすぎない。だが、このような状況は歯がすり減るにしたがって変化していく。小臼歯と第 1 大臼歯、それらは最初に生えてくる永久歯であるが、それらの歯にはほぼ完全に歯根が形成されていく。一方、最も後方の大臼歯はまだ非常に初期の発達段階にある（図 39 参照）。オデッサの洞窟産の

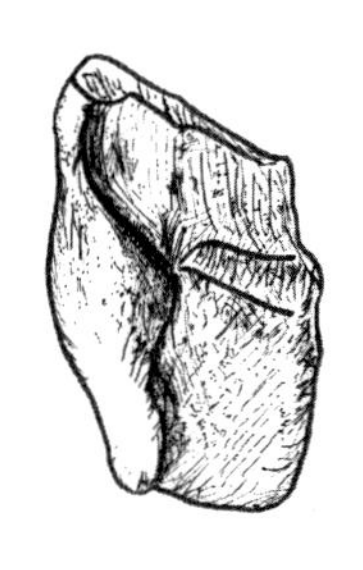

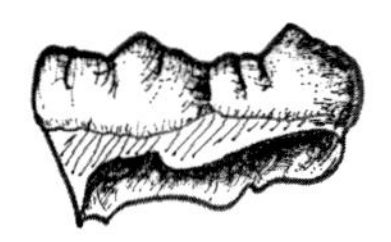

図 39　ソビエト連邦オデッサ産のホラアナグマの下顎第 3 大臼歯。左図は 1 才の仔グマの歯の咬合面と側面を見たところ。歯根の形成がかろうじて始まっているが、歯は主にエナメル冠からなる。右図は老齢の個体の歯の側面を見たところ。そこでは歯冠のほとんどすべてが咬耗でなくなっていて、歯根の側面に咬耗による面が形成されている。（サイトウユミによる描き直し）

ホラアナグマの合計 1946 個の歯のうち、743 個はこの段階のものであり、このことは 2 回目の冬の死亡率が 38.2% であることを示している。この死亡率の大部分は実際に予想されるように、乳犬歯が抜け落ちた後、冬眠期間の後半に集中していたと結論しなければならない。その数字は、驚くほど高いように思われる。それは、2 年目の冬に冬眠に入った各々 10 頭の仔グマのうち、平均してほぼ 4 頭が死んだということを意味するであろう。だから何人かの研究者が、こんなに死亡率が高いのは仔グマを食糧として捕獲することに特化したハンターの狩猟が影響したと考えるようになったとしても驚くことではないのである。しかし人類の存在を示す兆候はないのである。他の洞窟での状況はどうであろうか。

ホラアナグマの分布域の東部にあたるオデッサの洞窟での数字を調べたが、そのほか 3 つの洞窟のデータがある。そのうち 2 つはホラアナグマの分布域の中央部のスイスのもの、1 つは分布域西端のスペインのものである。

スイスの洞窟の 1 つはヌシャテルの近くのコタンシェのもので、その化石群集の内容は偉大な博物学者の H. G. ステーリン*6 によって研究された。

*6　ステーリン（Hans Georg Stehlin, 1870～1941）はスイスの古生物学者で地質学者。新生代の哺乳類化石について多くの論文を著した。バーゼル自然史博物館（第 2 章の訳注*23 参照）で研究を行った。

ムスティエ期の人類がこの洞窟にその痕跡を残しているが、ステーリンはホラアナグマの化石のすべて、あるいはほとんどが自然にたまったもので、それらの化石はホラアナグマが洞窟の中で穏やかに死んだことを示していると確信していた。クマ化石を産出する堆積物は最終氷期前半のものである。

オデッサのもので行ったのと同じ方法で、1才の仔グマの数を調べると、それは計364個の歯のうち、131個であることがわかる。死亡率はちょうど36%で、そのロシアの洞窟[*7]と非常に近い値になる。

スペインの洞窟は、カタロニアのモヤの町の近くにあるクエバ・デル・トールである。ここではそれに対応する数が419個中の158個で、言い換えれば38.6%である。またもよく似た結果となり、ここでもクマ化石の集積に人類が関わったという兆候がないのである。クエバ・デル・トールのクマ化石を産出する堆積物は、コタンシェのものよりやや後の時代のもので、おそらく最終氷期の中ではオデッサのものとほぼ同じ時期のものであろう。

これらすべての洞窟では、オスとメスの数はほぼ同じであった。そう信じる理由があるのだが、もし1才の仔グマが母親について行動していたとすれば、洞窟ではそれらとは異なった数になるはずである。そこではメスの方がオスより多くなるはずである。第5章で記述したように、このような洞窟はジュラ山脈のサン・ブレの洞窟で、そこでは72%がメスで、28%がオスである。そして事実、ここでの1才の歯は302個中の144個で、言い換えれば47.7%である。一方、サン・ブレでは2才のものの数は非常に少なく、2年目の夏の間に若いクマは彼らの母親と分かれたことを示している。このようにオスとメスの数が同じでない洞窟では仔グマの死亡率が偏って見積もられる傾向がある。しかしわれわれは、そのような偏った見積もりがホラアナグマの行動によるものであるという情報で、そのことの解釈を補っているのである。

ミクスニッツのようにオスの多い洞窟では、あべこべになっていなけれ

---

*7　オデッサの洞窟のことで、現在はウクライナ。第5章の訳注[*8]参照。

ばならない。1才のクマは比較的少なく、2才のクマは比較的多いということである。もともとの化石群集の内容のごく一部が今日、利用できているということと、それがやや偏ったものかもしれないということを思い起こさなければならないが、このような考えは手元にある収集品の研究で実際に確かめられているように思われる。

ここでオデッサのホラアナグマに話を戻すと、ホラアナグマの一生の後の時期についても類似の見積もりが行われてきた。そしてその結果は、人間の集団に対して保険会社の数学者が作るのと同じ型の、いわゆる生命表にまとめることができる。ホラアナグマの生命表は、それをどのように読むかという説明とともに、本書の付録に入れておいた。ここでわれわれは、それがホラアナグマの生活史について一般に何を物語っているのかを書かねばならない。

仔グマや若い個体の死亡率はかなり高いが、約4才の成獣になると死亡率は下がる傾向があることがわかる。1年の死亡率が35%から、数字は下がって壮年期のクマの成獣では約13%になる。つまり、高い死亡率の仔グマの時期の危険をうまくくぐり抜けたクマは、成獣になって何年も生きな

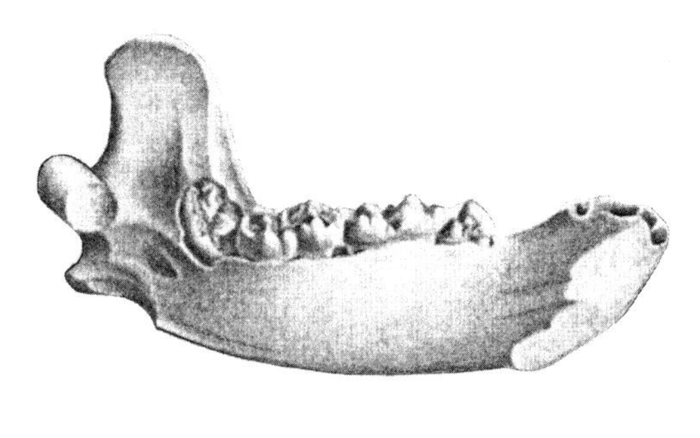

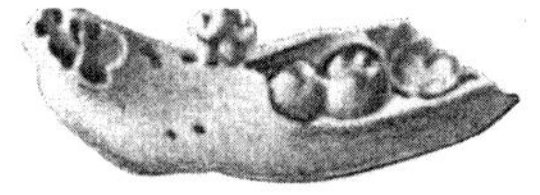

図40　ソビエト連邦オデッサの洞窟産のホラアナグマの仔の下顎骨。下図はその年に生まれた仔グマの左下顎骨の外側を見たところで、乳歯が生えており、永久歯はまだ下顎骨の中に入っている。上図は1才のクマの左下顎骨の内側を見たところ。最も後ろの大臼歯がまだ下顎骨の中で横に回転した状態で入っている。フォン・ノルドマンによる。（デザインオフィス' 50による描き直し）

がらえるという見通しが持てるようになるだろう。しかし年齢が高くなると、死亡率は再び増加し、15才かそれ以上になると非常に高くなる。

ホラアナグマが何歳まで生きられるのかということは、まだ正確にはわかっていない。しかし、それの歯が激しく咬耗することで、その寿命が厳しく制限されていることは明らかである（図41参照）。飼育されているヒグマは、30才かそれ以上まで生きるかもしれないが、野生のものでは25才を超えて生きることは稀なようだ。そのときまでに、ヒグマの歯は老齢のために歯根だけになっている。ホラアナグマの歯はおそらくもっと速く咬耗したのであろう。そして私は、どんなホラアナグマであれ20才を超えて生きていたというのは疑わしいと思っている。

アメリカヒグマの生命表は最近、ジョン・クレイグヘッドとフランク・クレイグヘッド、それに彼らの共同研究者によって作られた。彼らは13年を超える期間、イエローストーン国立公園のアメリカヒグマの各個体に目印をつけたり、発信器をつけて追跡したり、その他の方法で研究してきた。彼らの研究結果は、氷河時代のホラアナグマとほとんど同じと言えるくらいよく一致していた（付録参照）。しかしアメリカヒグマは、ホラアナグマ

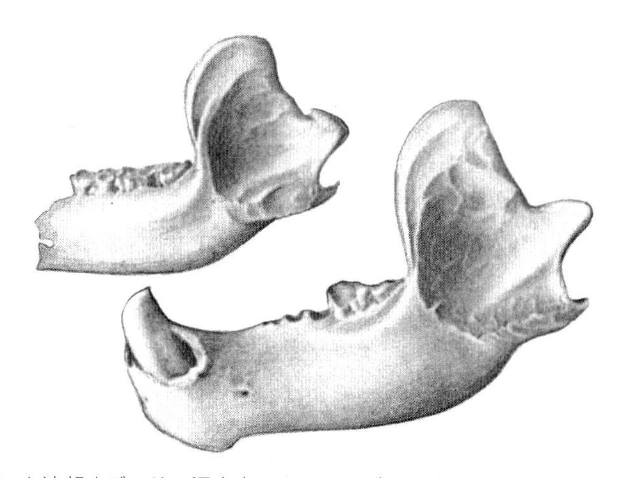

図41　ソビエト連邦オデッサの洞窟産のホラアナグマの成獣の左下顎骨（図40と同一のスケールではない）。上図はよくすり減った頬歯の生えている下顎骨で、メスの成獣のもの（下顎骨前端は破損してなくなっている）。下図は頬歯の残った老齢のオスの下顎骨で、後ろから2番目の大臼歯の歯根にまで、激しい咬耗が及んでいる。フォン・ノルドマンによる。（デザインオフィス’50による描き直し）

よりわずかに長生きのようなので、成獣の数は全体の個体数の中でホラアナグマの集団よりやや高い割合を示している。

ホラアナグマの集団は、毎年新しく生まれた多くの仔グマによって補充されなければならなかった。そして個体数を減少させずに保持するためには、それぞれのメスの成獣が平均で1頭をやや超える数の仔グマを毎年産まなくてはならないということが計算で求められる。ヒグマのデータ、特にクレイグヘッドによるイエローストーン国立公園のアメリカヒグマのデータと再び比較してみると、このような見積もりが実際に即したものであることがわかる。実際、ミクスニッツの洞窟でエーレンベルクが見つけた一腹の仔グマは、しばしば2頭であった。

統計的な探求をさらに行うことはせずに、われわれは毎年の自然死亡率（つまり新しく生まれた仔グマから老獣までのすべての年齢における死亡率）が約20%、つまり5頭のうち1頭が毎年死ぬということに注目しなければならない。このことについての知識を用いて、一つの興味深い疑問に答えることが可能になる。それは、ホラアナグマが普通に見られる動物だったのか、それとも稀な動物だったのかという疑問である。

いくつかの洞窟で、クマの化石が信じられないほどの数で集積しているのを見たとき、われわれの第1印象は確かにこのような動物が実際に無数にいたというものであるに違いない。ほとんどスイギュウや他の硬い草を食べる動物の群れのようなクマの群れが描かれた古い時代の復元画がある（第1章の図2にそのような光景が再録されている）。ドイツの地質学者で、氷河時代研究の偉大な先駆者の一人であるアルブレヒット・ペンク*8は、更新世のある時期に、彼は多分エーム間氷期を考えていたのであろうが、ヨーロッパはホラアナグマで溢れかえっていたに違いないと述べようという気になっていた。

しかし、ドイツのフライブルクのヴォルフガング・ゼルゲル教授は、す

---

*8　ペンク（Albrecht Penck, 1858～1945）は、ドイツの地理学者で地質学者。地理学の分野で多くの業績があるが、以前は世界の標準の一つとして用いられてきた第四紀の編年における氷期・間氷期の区分（ギュンツ、ミンデル、リス、ヴェルムの4回の氷期とそれらの間の間氷期）は、彼のアルプス北麓での研究による。町田ほか（2003）の5.1節参照。

ぐさま異なった説明も可能だということを指摘した。それらの洞窟の多くにはヴァイクセル氷期の前にも、またその間にもクマが棲んでいた。その全期間はおそらく10万年間、あるいはそれ以上にもなる。そして3万から5万個体と見積もられる数になるのには、平均して1年おきに1頭のクマが死ねばよいことになるのである。ゼルゲルは、大量にたまった化石は連続的でいつも変わらない小さな集団から集中して抽出されたものであると結論づけた。

それなら、どれくらい集団が小さいのであろうか。1頭のクマが1年おきに死ぬとすると、その集団は約2.5個体からなっていたことを示している。あるいは分数で個体を扱うことができないので、集団の大きさは言うならば1個体から4個体の間で変動するということになる。ときにはメスの個体がその仔と一緒にいることがあるかもしれない。平素は洞窟の異なった場所で、繁殖期に相手のいない2頭か3頭のオスが冬を過ごしていたのかもしれない。クマで溢れかえっていたのとは大きく異なり、ホラアナグマの分布域でそれは、いつもまばらに生息していた。このようなことからホラアナグマの自然史は、空想的なものが除去されて、現実性と信頼性のある世界に戻ってきたのである。

原著の註

ヒグマについては、クチュリエの本（Couturier, 1954）を見よ。化石産地としての洞窟や裂罅についての優れた議論は、ザッフェの論文（Zapfe, 1954）で見られるであろう。そこにはガイレンロイトを含む多く洞窟の断面図もある。エーレンベルクの論文（Ehrenberg, 1931）には、ホラアナグマの発育や病気についてのデータがまとめられている。後者については、アーベルとキルレのモノグラフ（Abel and Kyrle, 1931）やコビーの論文（Koby, 1953a)、それにタスナディ・クバクスカの本（Tasnádi-Kubacska, 1962）も参照せよ。ノルドマンの本（Nordmann, 1858）には、オデッサの洞窟のクマ化石が記載されている。それの放射性炭素年代については、クルテンの論文（Kurtén, 1969b）で議論されている。年齢によるグループ分けや生命表の取り扱いは、Kurtén (1958)のものを修正した。コタンシェについてはデュボアとステーリンの論文(Dubois and Stehlin, 1933）を、クエバ・デル・トールについてはドナーとクルテンの論文（Donner and Kurtén, 1958）を、サン・ブレについてはコビーの論文（Koby, 1938）を見よ。生命表の取り扱いの原理はディーベイの論文（Deevey, 1947）で見られる。現生のアメリカヒグマの集団の変動については、クレイグヘッドほかの論文（Craighead *et al.*, 1974）で取り扱われている。ゼルゲルの本（Soergel, 1940）ではホラアナグマが大量に産出する原因について議論されている。

第８章
ホラアナグマに代わる動物

でも、それは全部ヒグマなんだ。

私は、何年も前にイギリスのホラアナグマの研究を始めたときの驚きを今でもまだ覚えている。私はもちろん、ヒグマやアメリカヒグマ（それらは今日ウルスス・アークトスという一つの種の中の亜種と見なされている）がイギリスの洞窟からホラアナグマと一緒に報告されていることを知っていた。1846年にリチャード・オーウェン*[1]は、「ホラアナグマがもう一つ別のクマに伴っており、それは普通のヨーロッパの種によく似ているが、ヒグマの現生の個体より大型である」と述べている。大陸のクマ化石を多産する洞窟では、大量のホラアナグマの骨の中からときたまヒグマが見つかることは珍しいことではない。このことから、私はイギリスの洞窟でホラアナグマが見つかることを期待していたが、それはまったく間違っていることが判明した。

デボン州南部にあるトーニュートン洞窟は、近代的な方法で発掘されたクマ化石を多産する洞窟の一例である。この洞窟は長年、アントニー・J. サットクリフ博士によって発掘され、そこには長く連続した堆積物があって、その年代はザーレ氷期から更新世の終わり、さらに現代にまで及んでいる。ザーレ氷期にはこの洞窟にクマが棲んでいて、堆積物下部には膨大な数のクマ化石が残された。エーム間氷期のより温和な気候の状態が始まると、洞窟

---

*[1] オーウェン（Sir Richard Owen, 1804～1892）はイギリスの生物学者、比較解剖学者、古生物学者。「恐竜」という名称をつくった人物としてよく知られている。そのほか哺乳類の偶蹄目（Artiodactyla）や奇蹄目（Perissodactyla）という名称も彼が提唱したものである。大英博物館の自然史部門は独立して、1881年にロンドンの別の場所に移って大英自然史博物館（現在は単に自然史博物館 Natural History Museum と呼ばれている）となったが、彼はこの独立にも貢献した。

はハイエナの棲み家となり、クマは少数の破片を除いてもはや見つからなくなる。ヴァイクセル氷期には動物の居住はもっとまばらで、亜間氷期の状態ではヘラジカやアカシカが、この氷期末の特に寒冷な時期には主にトナカイが棲んでいた。トーニュートン洞窟のザーレ氷期のクマは、大陸のホラアナグマと非常によく似た行動をしていた。洞窟の中には多くの仔グマの化石があり、化石の年齢構成はその洞窟が冬には冬眠に使われていたが、夏の間は使われていたとしてもごく稀にしか使われていなかったことを示している。一つのことを除いて、すべて型にはまったものなのである。

種が違っているのである。ホラアナグマとはまったく違うのである。トーニュートン洞窟の骨と歯はすべてヒグマ、すなわちウルスス・アークトスに属している。

イギリスの他のクマ化石を多産する洞窟でも、状況は同じである。例えば、ヨークシャー州のセトルの近くにある有名なビクトリア洞窟では、1 世紀も前に英国科学振興協会によって発掘が行われ、エーム間氷期のすばらしい化石動物群が産出した。そこではヒグマとホラアナグマの両方がいたと報告された。しかしそこの標本は再度研究されて、前者だけしか産出していないことがわかった。「ホラアナグマ」とされていたのは、単に大型のヒグマにすぎなかったのである。実際、私はザーレ氷期やエーム間氷期のイギリスにホラアナグマがいたという証拠がないということを知っている。

最終氷期の洞窟の動物群では、やはりヒグマが卓越しており、ホラアナグマに関する報告の多くは間違いである。しかし、少なくとも 2 つは例外である。トーキーにあるケントの洞窟のヴァイクセル氷期の堆積物にはヒグマの化石だけでなく、ホラアナグマの化石もかなりの数で含まれている(そしてこの洞窟の基底部の堆積物からは、より早期の小型で祖先型のホラアナグマが産出した)。ウッキー・ホールというサマセット州の有名な洞窟も真のホラアナグマの化石を産出しているが、その年代もまたヴァイクセル氷期なのである。だから大型の大陸のホラアナグマは、ヴァイクセル氷期のある時期にイギリス南部まで分布を拡げたように思われる。しかしイギリスではヒグマの地位は非常にしっかりとしていて、これらの化石産地でさえヒグマはホラアナグマより数が多いのである。

当時、ヒグマはイギリスでホラアナグマの代わりの動物（専門用語を使うと「代理」）としての役割を果たしていた。このことは意外なことである。現生のヒグマの研究者たちは、ヒグマが冬の棲み家としては洞窟を避けるということを強調している。ペーター・クロット博士は、彼が育てたクマと共にアルプスで何年も暮らしていたが（あなた自身がクマのように行動する限りは、クマは本当に危険ではないと彼は言っている）、クマたちはその地域の自然の洞窟が使えるとしても、自分の巣穴を掘ると述べた。クレイグヘッド兄弟は他に比べるものがないほどの豊富な経験に基づいて述べているが、イエローストーン国立公園のアメリカヒグマで同じことを強く述べている。しかしわれわれには、そのようなイギリスのクマがヒグマの行動の規則とは異なって、洞窟を巣穴としていたことがわかっている。

行動は柔軟に変化し、環境や生活様式に応じて進化する。ヒグマとホラアナグマは結局のところ近縁であり、イギリスでは他の種がいないとヒグマがホラアナグマの「生態的地位*2」に入り込むことも可能だったのかもしれない。

それらのクマの間での行動の並行性がどれほど近いものであったのかということは、推測するしかない。この地域では植物食にあまり特化していない種類が生きていく上で有利だったのかもしれない。その理由が何であれ、イギリス諸島が更新世の後半の時期にずっとヒグマの根拠地となっていたことは事実であり、ヒグマは歴史時代にもそこで十分に生き残っていた。1781 年に W. ペンナントは、1057 年までクマがスコットランドの山地で生き残っていたと書き残している。アイルランドでも更新世や後氷期*3 にクマがいた。

旧世界のヒグマの分布域を通じて、ヒグマの化石は洞窟から産出するかもしれないが、イギリスは別として、そのような化石はあまり多くない。イギリスと同様に散発的に見つかる化石は、北アフリカやヨーロッパやア

---

*2　原語は niche でニッチとも訳される。生態学の概念の一つで、それぞれの種が占める生息場所や広い意味での生息環境。それぞれの種を環境との関連でとらえたとき、生態系の中で各種が占める位置を表すことから生態的地位と呼ばれる。

*3　最終氷期（ヴァイクセル氷期）の後の温暖期で、完新世のこと。現在も完新世の中にある。

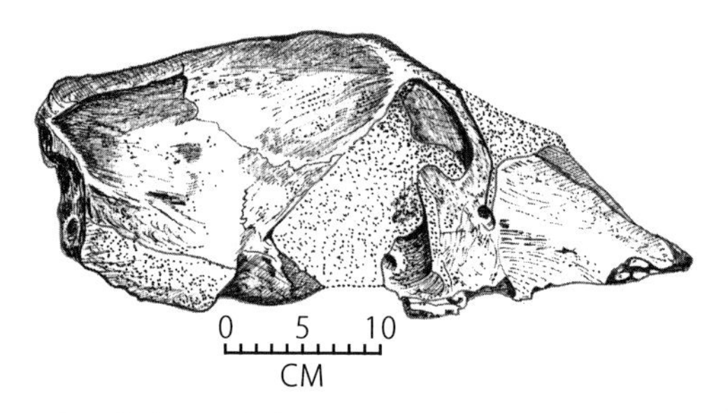

図 42　中国の周口店の北京原人遺跡から産出したヒグマ、すなわちウルスス・アークトスの頭骨。これが非常に大きかったことから、ホラアナグマの頭骨と誤って同定された。裴文中による。（サイトウユミによる描き直し）

ジアから産出している。中国の周口店の北京原人遺跡*4 では、いくつかの頭骨とその他の骨が発見された。これらは非常に大きなヒグマのもので、それらのいくつかは非常に大きかったので、裴文中博士はそのようなクマを真のホラアナグマであろうと考えた。しかし、それらの詳細な解剖学的特徴はヒグマのものとよく一致しており、私はここのクマもまた、ヒグマに違いないと考えている（図 42 参照）。

アラスカを除く北アメリカではアメリカヒグマ、すなわちヒグマという種の中の地域的な種類*5 はかなり遅い時期に移住してきた動物である。最終氷期にはアラスカから南への通路は、太平洋から大西洋までの北アメリカ大陸に拡がっていた巨大な氷床*6 によってふさがれていた。最終氷期の末には、氷床は溶けて無氷回廊*7 が形成され、そこを通って動物たち（人

---

*4　北京西郊の周口店（現在では北京市房山区に含まれる）にある「龍骨山」と呼ばれる小丘では 1920 年代からの発掘調査で、北京原人などの人類化石や石器、大量の哺乳類化石が発見された。北京原人の化石の多くは第二次世界大戦の混乱で行方不明となってしまったが、それ以外の大量の化石・遺物は現在でも北京市にある中国科学院古脊椎動物古人類研究所で保管されている。この研究所は中国の脊椎動物化石（人類化石を含む）と旧石器考古学の中心的研究機関であり、訳者の河村 愛と河村善也はここを訪れて、中国産哺乳類化石の研究や日本産のものとの比較研究を行っている。

*5　亜種のこと。種と亜種の関係については河村・河村（2011）のコラム 2.1 に解説されている。

*6　第四紀の寒冷期に、北アメリカ大陸の北部は巨大な氷の塊りによって覆われていた。そのうち大陸の中部から東部にかけての比較的平坦な地域に広がっていたものをローレンタイド氷床、西部の山岳地帯を覆っていたものをコルディレラ氷床と呼ぶ。

類やクマを含む）が南へ移動することができた。しかし、カリフォルニア州ロサンゼルスにあるランチョ・ラ・ブレアの有名な「タールの穴[*8]」を含む北アメリカのいろいろな開地遺跡[*9]ではヒグマの化石が出土しているが、その化石は洞窟では見つからないのである。

クロクマ類[*10]はその化石記録から判断して、ヒグマやアメリカヒグマより洞窟を棲み家とする傾向がいくらかは強い。そのことを示す証拠の多くは、中国の薬店で売られ民間に広く流通していた商品で、「龍歯」または「ルン・チェ[*11]」と言われるものから得られている。それらはこの世の病気の大部分に効く治療薬として、特に心臓と腎臓の不調やてんかんが起こった場合の治療薬として用いられていた。言うまでもなくそのような効能はないが、苦痛に対しては空想が奇跡を起こすものだ。われわれが経験してきたように、同じことはヨーロッパの初期の医学でも普通に行われていた。著名な古生物学者であり、人類化石の研究者でもある G. H. R. フォン・ケーニヒスワルト教授[*12]は、回想録の中でどのようにして東洋の漢方薬店を

---

*7　気温が上昇して氷床が溶けると、もともとはつながっていたローレンタイド氷床とコルディレラ氷床の間に氷のない通路ができた。ここを無氷回廊（ice-free corridor）と呼び、動物群や人類が南下する際の通路となったとされている。

*8　この付近は油田地帯で、地下からしみだしたタールがたまってできた沼があって、そこに落ちた無数の動物の化石がタールの中から発見される場所があるが、そのような場所をタールの穴（tar pit）と呼んでいる。タールの穴やそこから見つかる化石は、その場所にあるジョージ・C. ペイジ博物館（第 2 章の訳注[*2]）で見ることができる。

*9　第 6 章の訳注[*15]を見よ。

*10　クロクマ類は原著では black bear で、体色が黒いクマのことである。ちなみにヒグマは brown bear（褐色グマ）である。クロクマ類にはツキノワグマ（Asian black bear）とアメリカクロクマ（American black bear）の 2 種があり、これらはエトルスカグマから進化した（第 3 章参照）。

*11　原著では Lung che となっているが、現代中国語のローマ字表記（拼音 pinyin）では、龍歯は long-chi となる。

*12　フォン・ケーニヒスワルト（Gustav Heinrich Ralph von Koenigswald, 1902～1982）はドイツ（後にオランダ国籍を取得）の古生物学者で地質学者であるが、ジャワ原人などインドネシアの人類化石研究でよく知られている。香港の漢方薬店で巨大な類人猿のギガントピテクスの化石を発見し、命名した。オランダのユトレヒト大学やドイツのゼンケンベルク研究所などで研究を行った。

歩き回っていたのかについて述べている。そこには、いつも第一級の龍歯（フン・ルン・チェ、すなわち大きくて白い龍歯）と第二級の龍歯（チン・ルン・チェ、小さくて黒い龍歯）があった。第一級の龍歯は、強く化石化したもので、第三紀かそれよりさらに古い時代のものである。そのようなものの中では、中新世のヒッパリオン動物群*13 の化石が特にありふれたものであった。第二級の龍歯はあまり強く鉱化していないものであった。保存状態から、その大部分は更新世の洞窟堆積物から産出したものと考えるのが無難である。（ずる賢い商人は、しばしば古く見えるようにススでそれらしく黒く着色した現生動物の骨を少量混ぜていた。そのようなものは、専門家がたやすく見分けることができるのだが、昔からの方法は舌の先でその骨を調べることである。もし、それが舌にくっつくように感じたら、それは化石でないのである。）

このような第二級のものの中で、普通に見られるのがツキノワグマ、つまりウルスス・チベタヌス（*Ursus thibetanus*）なのである。ツキノワグマもまた、周口店の北京原人遺跡や他の中国の洞窟で（そこではしばしば「鋭い歯を持ったクマ」という意味のウルスス・アングスティデンス *Ursus angustidens* という学名になっている）、ごく普通に見つかっている。現生のツキノワグマは夜行性の動物で、昼間は洞窟や茂みの中、それに樹洞の中で生活しており、それらは冬の棲み家としても使われる。

アメリカクロクマ*14、つまりウルスス・アメリカヌス（*Ursus americanus*）は、それのいとこにあたるアジアの種と冬眠場所をどこに選ぶかという点で似ている。本種の化石はしばしば洞窟で発見され、ヨーロッパのホラアナグマを思い起こさせるほど大量に化石が産出することがあるかもしれない。メリーランド州のカンバーランド洞窟から採集された膨大な収集物には少なくとも 30 あるいは 40 個体があるが、実際の数はおそらくはるかに多かったのであろう。そこでは、あらゆる年齢段階のクマが見つかっていて、それが実際にその洞窟に棲んでいたことを示している。

---

*13 第 3 章訳注*6 を見よ。

*14 アメリカグマと呼ばれることもある。ここでは American black bear という英名に忠実にアメリカクロクマとした。

大量のクロクマの化石が見つかった他のアメリカの洞窟には、アーカンソー州のバッファロー川に近いコナード裂罅やカリフォルニア州シャスタ郡のポッター・クリーク洞窟がある。このうち最後に述べた洞窟の化石は最終氷期のものではあるが、カンバーランド洞窟とコナード裂罅のクマは中期更新世に生きていたものである。

漢方薬店での収集品の「第二級」の龍骨や龍歯には、小型のマレーグマすなわちヘラークトス・マラヤヌス（*Helarctos malayanus*）の化石もまた含まれているかもしれない。そのことは、この種もときには洞窟に棲んでいたことを示している。ヒグマや2種のクロクマの場合と同様に、更新世のマレーグマは現在のものより目立って大きかった。

南アジアの他のクマに関しては、ナマケグマ（メルルスス・ウルシヌス *Melursus ursinus*）のたった1個の化石が、ある洞窟から見つかっている。それはインドのマドラスにあるカルヌール洞窟群*15の一つの洞窟から産出したものである。

南アメリカのメガネグマ*16すなわちトレマークトス・オルナトゥス（*Tremarctos ornatus*）は、更新世の南北アメリカに広く分布したクマ類の大きなグループの最後の生き残りである。それと非常に近縁な種がフロリダホラアナグマ、すなわちトレマークトス・フロリダヌス（*Tremarctos floridanus*）で、その化石はメキシコやアメリカ合衆国南部、すなわちカリフォルニア州やニューメキシコ州、テキサス州、テネシー州、ジョージア州、そして特にフロリダ州でよく発見されている。そのような化石の多くは洞窟から産出しているが、ヨーロッパのホラアナグマやカンバーランド洞窟のクロクマのように大量に産出することはなく、そのためにその名称は選び方が悪いように思われるかもしれない。しかし、それには一つの意味がある。このアメリカの種とホラアナグマの体は、無気味なほどよく似ているのである。

---

*15　インド南部のクリシュナ川流域にある洞窟群で、クルヌール洞窟群と言われることもある。19世紀から更新世後期の哺乳類化石が多産することが知られていた。

*16　南アメリカ北部のアンデス山脈に分布することから、原著ではアンデスグマ（Andean bear）となっている。

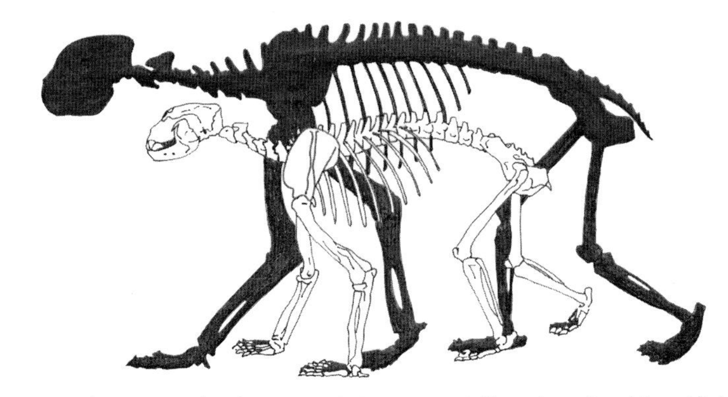

図43　フロリダホラアナグマ（トレマークトス・フロリダヌス）のメス（白い方）とオス（黒いシルエットの方）の復元骨格。そのメスは平均よりやや小さいので、大きさにおける性的二型が多少誇張されている。一方、オスは特に大きな標本である。クルテンによる。（サイトウユミによる描き直し）

もちろん違いもある。解剖学的な細部の特徴から、フロリダホラアナグマが現生のメガネグマに近縁であることは明らかであり、確かにクマ属（ウルスス）のものとは、どちらかと言えば近縁ではないのである。それにもかかわらず、このように異なった動物に働いた進化の過程が、ヨーロッパのホラアナグマの最も顕著な特徴をそっくり写し出した生物を生み出したのである（図43参照）。

フロリダホラアナグマは大きな動物である。大型のオスの体重は約650ポンド（約300kg以上）と見積もられており、一方でそれよりはるかに小さいメスの体重はちょうどその半分であった。フロリダホラアナグマは非常に頑丈で、樽のような肋骨のカゴと短く幅の広い足先、それに長い上腕骨と大腿骨を持っていた。前方の小臼歯は退化し、後方の歯は大きくなり、顎関節は歯の咬み合う面よりずっと上方に移っていた。前頭部を横から見るとはっきりした段差が見られる。頚部は長くなり、背中は傾斜し、体の後部は比較的弱々しい。

このようなことのすべては、ホラアナグマすなわちウルスス・スペラエウスで、近縁なヒグマと異なる特別な特徴としてあげられているものとまさに同じなのである。フロリダホラアナグマはできる範囲で、ヨーロッパのそれに対応した動物であるホラアナグマとまさに同じことをしようとしていたことは明らかであるように思われる。

フロリダホラアナグマとホラアナグマの間の収斂現象*17 は、ホラアナグマに顕著な特徴が進化する過程では氷期の環境への特別な適応が小さな役割しか果たさなかったことを示している。ここで、われわれは氷床や周氷河地域から遠く離れたメキシコ湾岸の均一な気候下で生活していた種が、同様の特徴を獲得していたことを知るのである。どんな習性や環境の要因、遺伝や発育の要因が、環境の大きく異なる場所で、このような驚くべき収斂を起こしたかという問題が問いかけられることになるのかもしれない。

私が 1966 年に書いたことなのだが、以上のような文章に、植物食の動物への特殊化、それに自分の身を守るための大型化と体力の強化が、おそらくは両種の進化の鍵となる要因だったのだろうということを付け加えておきたい。

このようなことは進化の様式の一つ、つまり収斂現象の好例で、それはもともと似ていない動物が類似の生活様式に適応することによって、互いがますます似てくるという現象である。収斂現象の古典的な例は、クジラやイルカが海での生活に適応して、魚に似た体形の動物に進化してきたことである。もちろん収斂現象は常に、非常に早い段階では分化があったということを示している。例えば、非常に古い時代にはメガネグマ属（*Tremarctos*）とクマ属は共通の祖先を持っていて、おそらくそれは中新世のウルサブス属またはプロトゥルスス属の段階のもので、そこからそれらは分化していった。同様に、哺乳類と魚類はそれよりはるかに古い時代には共通の祖先を持っていて、そのようなものから分化して哺乳類の祖先は上陸し、魚類の祖先は海に留まったのである。

フロリダホラアナグマは更新世末まで生きのび、おそらく後氷期の最初の数千年間は生き残っていたのであろう。フロリダ州では、それは初期の人類に伴って発見される。

---

*17　互いに類縁関係がない、あるいは近くない生物の種あるいはグループが同様の生活環境や生活様式に適応すると互いによく似た生物になるという現象。河村・河村（2011）のコラム 2.3-2 では、ユーラシアや北アメリカのオオカミとオーストラリアのフクロオオカミを例にこの現象を説明しているので参考にされたい。

北アメリカにはメガネグマからさらに類縁の遠いクマ類もまた生息していたが、それらはアークトドゥス（*Arctodus*）という別の属の構成員と見なされている。このようなクマで最大のものは体重が1300ポンド（およそ600kg）を超え、そのようなものはコジャック島のヒグマ*18や大型のホラアナグマを小さく見せるほどの巨大動物だったことがわかる。しかしホラアナグマとは対照的に、それは歩くのに適した足の長い動物で、その体が巨大であるにもかかわらず、おそらくはかなり速く歩き回る動物であって、植物食というよりは明らかに貪欲な肉食動物だった。

このようなクマのいくつかもまた、洞窟を棲み家としていた。なぜなら、それらの化石がカリフォルニア州やテキサス州、ミズーリ州、メリーランド州、ペンシルバニア州の洞窟から見つかるからである。しかし、大部分の場合、大型のアークトドゥス属に属するクマの化石は、開けた場所の化石産地から見つかっており、そのような産状の化石はメキシコからアラスカにかけて分布している。南アメリカでは、それと類縁関係のある種が洞窟やアルゼンチンのパンパの土壌の中から見つかっている。それでもなお、アークトドゥス属は洞窟でごく普通に暮らしていたわけではない。だからわれわれはここで、それについての記述を省いても差しつかえないだろう。

結局のところ、真のホラアナグマ、つまりウルスス・スペラエウスは相変わらず独特の存在なのである。

原著の註

オーウェンの1846年の著作（Owen, 1846）はイギリスの哺乳類と鳥類の化石についての古典的な文献である。トーニュートン洞窟の堆積物の層序は、サットクリフとツォイナーの論文（Sutcliffe and Zeuner, 1962）で記載された。ティデマンによって毎年出版された一連の報告書（Tiddeman、例えば1876）は、ビクトリア洞窟の発掘を記録している。イギリスのクマ化石について本書に記した多くの情報は、私自信による未公表の研究にもとづくが、例えばクルテンの論文や本（Kurtén, 1959, 1968,

---

*18　第2章を見よ。

1969a）も参照せよ。ペンナントは、歴史時代までスコットランドにヒグマが生き残っていたことを記録している（Pennant, 1781）。周口店の食肉類は裴文中の論文（Pei, 1934）で、ランチョ・ラ・ブレアの後氷期のヒグマはクルテンの論文（Kurtén, 1960）で記載されている。中国の薬店の歯については、ケーニヒスワルト（Koenigswald, 1955）やエルドブリンクの本（Erdbrink, 1953、特に 53 ～ 55 ページ）を見よ。カンバーランド洞窟の化石については、ギドレイとギャザンの論文（Gidley and Gazin, 1938）の中で議論されている。フロリダホラアナグマについてはクルテンの論文（Kurtén, 1966）を、そしてアークトドゥス属のクマについてはクルテンの論文（Kurtén, 1967a）を見よ。

第９章
絶　滅

かつて地球上に生息していた種の大部分が、現在はいなくなっている。いくつかの種は、それらが占めていた「生態的地位」がなくなったために絶滅してしまった。つまり、環境要因で絶滅が起こるのである。その他の種は、それらが占めていた生態的地位をより優れた競争者に奪われることによって消え去った。それぞれの種は、捕食の犠牲となったり、突然の大災害のために死んでしまったり、それに近年は人類によって故意に殺されたりして絶滅してしまった。

ずっと以前にオテニオ・アーベルによって考え出されたホラアナグマの絶滅についての理論は未だに影響力があるが、その理論ではこれらの要因はどれ一つとして採用されていない。第5章で概略を述べたように、この理論ではホラアナグマは退化によって、あるいは今日、われわれが非適応的な遺伝的浮動と呼んでいるような現象によって絶滅したと考える。

この理論によれば、ホラアナグマは重大な脅威となる敵がいない最適な条件下で長い間、暮らしていた。このような状況下では自然選択は非常に弱まり、そのためにいろいろなタイプの劣った変異を持つ個体が生き残ったり、繁殖したりすることができた。ついにその個体群は退化した特徴を持った個体で飽和することになり、個体群が非常に弱体化して、たやすく絶滅したのである。

この理論は、すでに確立された遺伝子と自然選択の間の相互作用によって、絶滅の原因を説明しようとするものである。だから、第1次世界大戦と第2次世界大戦の間に非常に流行した信頼性の低い多くの考えからは一歩前進したものである。一つの例として、われわれは一つの生物が老化して弱っていくのと同じ考え、つまり「種族の老化」という考えがそこにあることに注目するかもしれない。でも、そのような考えは確実に無意味なものである。一つの種は世代ごとに新しく生まれてくるのだから、そのような類推は間違っている。われわれが知る限り、生命はたった一度だけ地球上に現れた。そしてそのような意味では、すべての生物はまさに同じ年齢なのである。

一方、遺伝的浮動によって適応性がなくなることは、明らかに可能性のあることである。退化の兆候として、アーベルは発育不全の個体、いわゆる矮小個体（特にミクスニッツで）が出現すること、オスの数が過剰になって特異な出生率になることが推定されること、いろいろ変異が普通に見られるようになること、病気の個体が非常に多くなることをあげている。

しかし、ミクスニッツの矮小個体は矮小なのではなく、普通のメスである。他のクマ、例えばアメリカヒグマに見られる以上の特異な出生率も存在しなかった。それぞれの地域のホラアナグマの集団に見られる変異は他のクマのものに比べて、けっして大きくはない。そして、病気の個体の頻度もまったく自然なものである。これらのうち、最後に述べた結論は、次のような理由による。われわれの見るホラアナグマは死んだものであって、何らかの原因で死んだに違いない。病気は重要な死亡要因の一つであったのであろう。だから、われわれは病気の個体を多く見つけようと期待していたに違いない。生きていたときのホラアナグマは、おそらくまったく健康だったのであろう。しかし、われわれのところにやってきた化石標本は、発育不良や病気や老齢のために起こった死という現象そのものによって選択されたものなのである。

ゼルゲルは、アーベルの退化説を主な点で受け入れていたが、彼はホラアナグマが多くの点でヒグマより傷つきやすい動物だと考えた。第一に、ホラアナグマの繁殖率はヒグマより低いと考えた。すなわち一腹の仔が少なかったということである。第二に、ホラアナグマの死亡率がヒグマより高いと考えた。第三に、植物食のホラアナグマの潜在的な寿命は、歯を過度に使うために、短いと考えた。第四に、ゼルゲルは特異な出生率という仮説を信じていた。このうち第一と第三の仮説は正しいかもしれないが、第二のものはおそらくは正しくない（ホラアナグマとヒグマの死亡率はほとんど同じ）。そして第四のものは明らかに間違っている。

それでは、ホラアナグマが遺伝的浮動のために適応性をなくしたと考えることに理由があるのだろうか。危険な敵のいない生活は自然選択のない状態であり、その結果として退化が起こったのだろうと考えられていたのは明らかである。しかしホラアナグマは、それのすぐあとを追ってきて重大な脅威を与えるような捕食者が、非常に長い期間存在しなかった唯一の種ではない。ゾウやサイといった大型の草食動物の多くは、非常に大型であり強力なので、肉食動物が本気でそれらを攻撃しようとはしない。しかし、それらの動物には退化を示す特徴が見られないのである。敵による捕食は、ある動物種の生活において自然選択をもたらす唯一の要因ではなく、多くの場合、最も重要な要因でもない。

自然選択は、何世代にもわたって一つの種の遺伝子プールにある方向への系統的な移動を引き起こす力と定義されてきた。このような系統的な移動は、われわれが進化と呼んでいるものである。もう一つ別の種類の進化もある。それは系統的ではない進化、あるいはランダムな進化であり、それは小さな集団で起こると思われるもので、そこでは次の世代へどの遺伝子が伝えられるかは、選択よりもむしろ偶然で決まる。このようなプロセスは遺伝的浮動と呼ばれ、結果として遺伝子が失われる。遺伝子の変異は増加するどころか貧弱化するのである。

もちろん、いくつかの地域のホラアナグマの集団はとても小さかったので、遺伝的浮動は重要だった可能性はあるが、たとえそうだとしても、おそらくはその種が死に絶える直前を除いて、それについての証拠はほとんどないのである。一方、自然選択のいくつかの側面が化石を材料として研究されてきた。

自然選択は多くの異なった様式でその集団に影響を与えるが、結局のところ、それらの様式はすべて繁殖力の違いとなって現れる。そこでは、ある遺伝的特性が他のものを犠牲にして、それぞれの世代で有利に働く傾向がある。このような自然選択の様式の一つは、死亡率の違いである。しかし、われわれはそれが多くのもののうちのたった一つであることを心に留めておかなくてはならない。このような死亡率の違いは、アルフレッド・ラッセル・ウォーレス*[1]の使った「生存のための闘争」という有名な言葉で表される状況の中で、異なった特性をもった個体がいろいろな割合で生き残ることである。このことはまさに、ホラアナグマ化石のような化石材料を用いて調べることができる自然選択の様式であり、ホラアナグマ化石では一生のすべての段階の自然の死亡率が豊富な化石で見られるのである。もし若くして死んだ個体と、成獣の段階や老齢になるまで生き残った個体との間で、いくつかの特徴が系統的に異なる傾向があることがわかったとしたら、死亡率が異なっていたという証拠が得られたと言うことになる。言い換えれば、自然選択が起こったという証拠が得られたということである。

このような研究でも、もちろん年齢によって変化しない特徴を選び出すことが必要である。幸いにして哺乳類では永久歯がそのような特徴を持っている。一度歯冠が形成されると、定常的に使うことによって次第にすり減ることを除いて、それは変化しないだろう。(ある種の哺乳類のある種の歯では、歯根は開いたままで一生成長を続けるので[*2]、そのようなものはこの種の研究には使えないが、クマの歯はこのようなカテゴリーには入らない)。ホラアナグマでそうであるように、たとえひどく咬耗しているとしても、多くの計測値は影響を受けないか、少数の老齢の標本だけに影響するだけであり、永久歯は自然選択の研究には理想的な材料となる。

このような研究、すなわち多くの歯の統計学的分析の結果は、自然選択が働いていたことを実際に示している。一般に、平均に近い大きさや形の歯をもった個体は、成獣の段階や老齢まで生き残った個体の中でごく普通に見られる傾向があるのに対して、早い段階で死んだ個体では、極端な変異をもったものが非常に多い。「平均的な」あるいは「標準的な」タイプのものが有利になるこのような自然選択は安定化選択と呼ばれる。

---

*1 ウォーレス（Alfred Russel Wallace, 1823～1913）はイギリスの博物学者。生物進化における自然選択説をダーウィンとは独立に提唱した。ウォーレスは探検家としても知られ、東インド諸島で動物の種類が急変する境界線を発見するなど、生物地理学の発展にも貢献した。その境界線は、彼にちなんでウォーレス線（Wallace's line）と呼ばれている。町田ほか（2003）の6.3.1項参照。

*2 歯根が形成されるとき、最初は歯根の先端は開いていて、その後にそこが閉じて歯根が完成する。歯冠が高くなると歯根の形成が遅れて開いたままになり、さらに高歯冠のものでは歯根そのものが形成されない。第7章の訳注[*3]参照。

安定化選択が起こるということは、その種がよく適応していたことを示している（研究された特徴に関して）。自然界の生物集団の大部分は、おそらく非常に長い期間、同じ生活をおくっていたので、それらは現在の生活様式に十分に適応しているのであろう。だから、それらは安定化選択を受けたことになるのであろう。

しかしまた、方向性選択もあるのかもしれない。この場合は、その集団の平均と異なった個体が有利になる傾向があるのであろう。

オデッサ産のホラアナグマの下顎第3大臼歯は、このような方向性選択があったことを示す証拠になる（第7章の図39参照）。この歯の輪郭には、多少変異がある。いくつかの個体では前後に非常に長い。全体として見ると、この歯が前後にのびていることは、ホラアナグマであることを示す一つの特徴であり、クマ類の他の種では第3大臼歯がこれほどの長さに達することはない。それでもなお、すでに記したように、その歯には変異があるのである。

さて、若くして死んだ、つまり生後3年間に死んだホラアナグマのその歯は平均すると、成獣の年齢まで生きのびたホラアナグマの歯より目立って前後に短く、またいくぶん幅が広い。かなり老齢の個体では、実際その歯は特に前後に長く幅が狭い。さて、歯の形は1つの個体で一生の間に変化することはない。だから、そのような違いは寿命の違いだけによるものなのである。

この場合の方向性選択は、前後に長く幅の狭い歯が有利になるように働く。ホラアナグマの歴史の中で、下顎第3大臼歯は次第に長くなってきた。だからこのようなタイプの選択が後期更新世にも、少なくともいくつかの地域集団で、なおも働いていたことがわかっても何ら驚くべきことではない（そのようなことはすべての集団で見つかっているのではなく、例えばミクスニッツでは安定化選択が働いていて、平均的な形態のものが有利であった）。

もちろんそのような選択もまた、この特別な歯が顎骨の中に埋もれている間に起こる複雑な回転運動と何らかの関係があったのかもしれない（その回転の過程は第7章で述べた）。おそらく、長く幅の狭い歯は短くて幅の広い歯より回転しやすかった。だから問題が起こりにくかったのであろう。

オデッサのホラアナグマに見られるもう一つの種類の方向性選択は、大臼歯にある一つの咬頭の大きさに影響を与えていた。そして、いくつかの個体ではこの咬頭が咀嚼の際にそれの入り込む場所とうまく咬み合っていなかったと考えられるのである（それの入り込む場所とはその歯に向い合った大臼歯にある「谷間」のこと）。ときにはその咬頭がやや大きすぎたり、あるいは谷間が小さすぎたりしたらしい。だから若くして死んだ個体では咬頭が大きく谷間が小さいことがごく普通であり、一方小さな咬頭と大きな谷間、あるいはそのどちらかを持った個体が長く生きのびる傾向があったことがわかる（図44参照）。

歯の咬頭はとても速くすり減るので、それらは自然選択ではほんのわずかな重要性しか持ち得ないと言われることがあった。しかし、咬頭がすり減るのは一生のうち早い時期で、その時期はまた野生哺乳類の集団で死亡率が特に高い時期でもある。さらにまた、この時期はそのような動物たちが生きのびるためだけでなく、成長を維持するために多くのものを食べなくてはならない時期でもある。だから、咬頭の形態は自然選択で大きな意

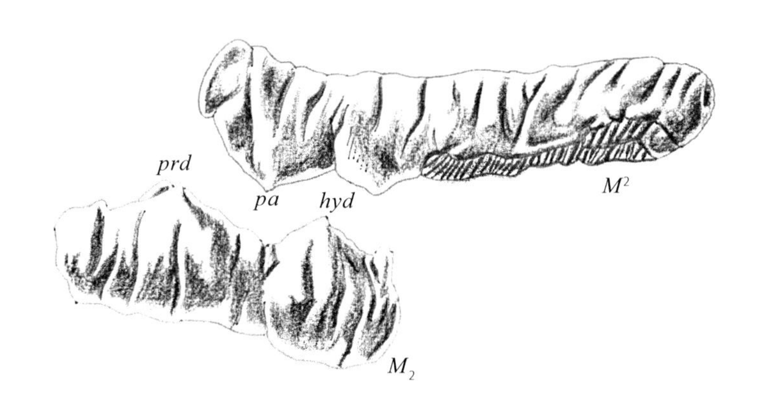

図44　ホラアナグマの上顎第2大臼歯（M^2）と下顎第2大臼歯（M_2）の咬み合わせ。パラコーン（*pa*）と呼ばれる上顎大臼歯前端の咬頭が、プロトコニッド（*prd*）とハイポコニッド（*hyd*）と呼ばれる咬頭の間の切れ込みにはまり込む。左側の歯を外側から見たところ。クルテンによる。（サイトウユミによる描き直し）

味があると結論づけることができる。そしてわれわれは、この結論がホラアナグマの例で立証されていることを理解できるのである。

われわれは1942年よりやや後の時代にやってきている。1942年に、サー・ジュリアン・ハクスリーは（彼の非常に素晴らしい古典的名著「進化—現代における統合」の中で）、古生物学はその本質から自然選択のどんな重要な事柄も明らかにすることはできないと述べた。しかし現在われわれは、死亡率が異なるということと、時間とともに起こる実際の進化の傾向を組み合わせて研究することによって、新しい重要な情報を進化の研究者に提供できるかもしれないと期待できるようになっている。

退化による絶滅という説を放棄したので、ここでホラアナグマの絶滅の問題に立ち帰ろう。その絶滅の中味はどんなものであろうか。

クマ化石を多産する洞窟の大部分では、ホラアナグマはヴァイクセル氷期の末よりかなり前に絶滅したことが化石の証拠でわかっている。一方、非常に遅い時期までそれが生き残っていたという例もある。例えばカール・ヘシェラーとエミール・クーンのつくったスイスの洞窟の目録には、ホラアナグマを産出する15の洞窟があげられている。しかし、ネアンデルタール人の時代であるムスティエ期以後にホラアナグマの棲んでいたのは、それらのうちの2つにすぎない。これらの洞窟は、ティアシュタインにあるシュロースフェルゼンの洞窟と、おそらくはコーラーヘーレの洞窟である。両方の洞窟では、ホラアナグマはマグダレーヌ期の人類と共存していたらしい。だからそれらの洞窟のホラアナグマは、最終氷期の末期の年代になる。コーカサスの洞窟でのヴェレシチャーギンの調査によって、同じことが多くの洞窟で明らかにされている。ムスティエ期のホラアナグマを産出する洞窟が6か所か7か所ある。時代を特定できない後期旧石器時代の群集にホラアナグマが含まれている洞窟が7か所あり、マグダレーヌ期のものが1か所（特定が確かではない）、さらに後の時期かもしれないものが2か所ある。ルガニ村の近くにあるグバルツィラス洞窟がそのうち1つで、そこの化石骨は人類の食べた残渣で、ヤギの骨が多いが、ホラアナグマの骨も6個ある（少なくとも2個体）。その年代は非常に新しく、更新世末かあるいは後氷期の前期である。コースタ峡谷のボロンツォフスカヤ洞窟では、化石化をしていないホラアナグマの骨が数個発見されたが、それらもまた後氷期前期のものかもしれない。

ヨーロッパ中部でもまた、ホラアナグマは地域的には氷河時代の終末まで、そしておそらくはそれよりも後まで生き残っていたようである。モラビアのクマ化石を多産する洞窟であるポッド・ラーデムの洞窟では、ホラアナグマの化石の産出はヴァイクセル氷期の地層の最上部まで記録されている（図45参照）。ドイツのシュヴァーベン・アルプスでは末期のホラアナグマ化石がマグダレーヌ文化の遺物に伴っている。2か所のヴェストファーレンの洞窟、すなわちバルバー・ヘーレとホーラー・シュタインではホラアナグマの非常に新しい時期の記録があって、ホラアナグマの化石は前者の洞窟では中石器文化に伴っている。同じことがオーストリア、チロル

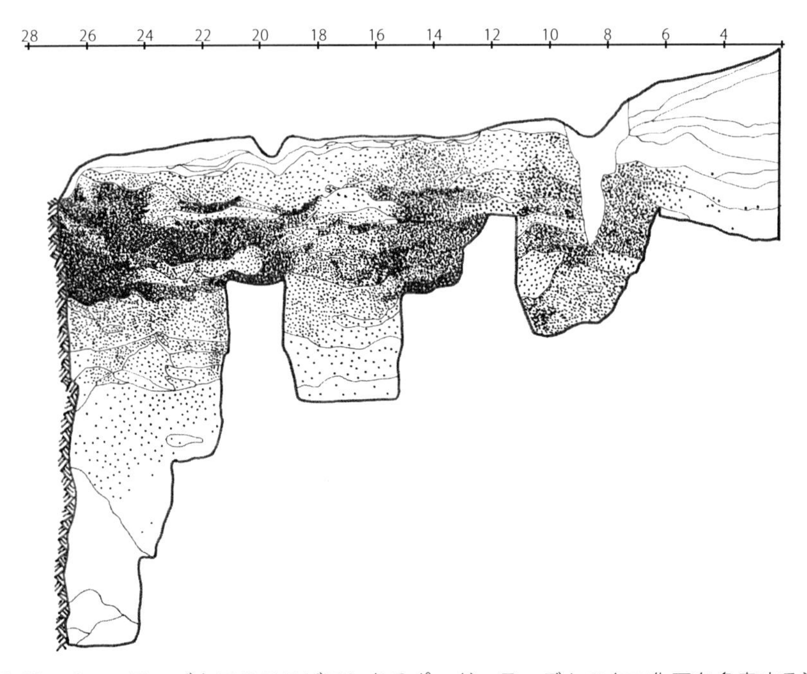

図45　チェコスロバキアのモラビアにあるポッド・ラーデムのクマ化石を多産する洞窟の堆積物の断面図で、そこには洞窟堆積物中のホラアナグマの骨の分布も示されている。1つの点が1つの標本を表す。ホラアナグマの骨はその洞窟の更新世の堆積物のすべての層準から見つかっている。氷河時代以後に形成された堆積物（最上部のいくつかの層）だけはホラアナグマを産出していない。ムシルによる。（サイトウユミによる描き直し）

のクフシュタインにあるティショーファー洞窟にも当てはまるのかもしれない。

このように、ホラアナグマの絶滅は突然の出来事ではなく、何千年にもわたって徐々に起こった出来事であることは明らかである。地域ごとの集団では、ヴァイクセル氷期中期にまで遡れる時期に絶滅が始まったのであろう。かつては連続していたホラアナグマの分布域は次第に散点的になっていったのであろう。地域ごとの集団は次第に、互いが完全に離ればなれになっていったのであろう。このような地域ごとの集団では、おそらくはかなりの近親交配が行われ遺伝子の多様性が失われたために、変異がいくぶん少なくなっていたことを化石記録が示している。

もし個体数が連続して少ない状態に保たれていたら、このような型の孤立した小さな集団はまったくの偶然の出来事で、とても絶滅しやすいのである。ホラアナグマが一度このような状態になったとすると、それの生活の状況が劇的に改善しない限り、絶滅は実際のところ確実に起こってしまうだろう。今日、われわれは絶滅に瀕した種を指定された場所で保護することや動物園で繁殖させることなどで救おうとしている。もちろんこのような手段は、ホラアナグマに対しては行われなかったのである。

人類がホラアナグマの後に居住者となった証拠のある洞窟がいくつかはある。例えば、これの例としてコーカサスの洞窟が注目される。実際、ホラアナグマの個体数が次第に減少したことに、人類とクマの間で起こった洞窟をめぐっての競争がある程度の役割を演じたと考えられるかもしれないのである。しかし、カツィミエルツ・コワルスキーが記しているように、多くの地域ではこのようなことは見られない。例えばホーランドのクマ化石を多産する洞窟は主に高山にあって、そこでは人類の居住の痕跡はまったくないのである。

その理由が何であったとしても、環境圧がはっきりと増加したことでヴァイクセル氷期末のホラアナグマの化石の分布に変化をもたらしたかもしれないと考える人が何人かはいる。ポッド・ラーデムの洞窟で、ルドルフ・ムシル博士は未成熟な個体の数が最上部の層で増加する傾向があることを発見した。この洞窟はモラビアのプンクバ川を見下ろす城跡の下にある岩壁の高い場所にあって、1950年代の後期にムシルとカレル・ヴァロッフ博士によって発掘された。それは典型的なクマ化石を多産する洞窟である。ムシルはクマの歯を若齢のものと成獣のものに分けて、若齢のものの割合がヴァイクセル氷期後期の堆積物で増加していることを発見した。ほとんど同じことは何十年も前に、エーレンベルク教授によってアスティエールというベルギーの洞窟について、述べられていた。

ムシルが述べているように、このような証拠は個体群の動態に若齢個体の死亡率の増加が実際に影響を与えていたことを示すものかもしれない。一方で、このことは洞窟が小さな仔グマを連れたメスのクマによく利用されるようになって、独身のクマが追い出されてしまったことを示すものなのかもしれない。事実、ムシルは小型のクマ化石はおそらくメスのものであり、後期の堆積物ではそれがより多く見つかる傾向があると述べている。

コワルスキー博士の意見では、ホラアナグマの絶滅はその生活圏、つまりその種が非常に長く暮らしていた特別な環境の場所が消滅することによって起こったとされる。ヴァイクセル氷期の末に向かって、ツンドラや極北地域周辺のタイガ、それにステップがヨーロッパ中部から消え去り、エーム間氷期のように陸地は再び温帯林に覆われた。

そこに問題があることは明らかである。このような環境変化が起こったのは、ヴァイクセル氷期末がけっして初めてではない。ホラアナグマとその祖先は、何度も訪れた間氷期を生きのびてきた。そのうちのいくつか（例えばエーム間氷期）は、われわれが現在暮らしている間氷期より明らかに温暖であった。それならなぜ、ホラアナグマはこの時期に絶滅しなければならないのだろうか。

絶滅の歴史がある答えを示している。多くの地域の個体群は氷期から間氷期への移行期よりずっと前に、すでに絶滅していた。ホラアナグマは、もうすでにわれわれが今日、絶滅危惧種と呼んでいるものになっていたのである。そして氷河時代末の気候変化が生きのびていたものまで死に追いやったのであろう。

しかし、もしそうなら、コワルスキーの説はたしかに論点をわかりきったことのように述べていることになる。なぜなら、われわれが述べたように、絶滅はその始まりがヴァイクセル氷期のかなり早い時期まで遡るからである。事実、入手できるすべてのデータはホラアナグマの衰退が、ネアンデルタール人が絶滅し現代人型の人類がヨーロッパを彼らの居住地にした頃に始まったことを示している。

その問題は、確かにより幅の広い問題である。なぜなら、ホラアナグマだけが氷河時代末に消え去った種ではないからである。大規模な絶滅現象があったのである。例えばヨーロッパでは、マンモス類やサイ類、ステップバイソン、オオツノジカ、ジャコウウシ、ヒョウ、ホラアナライオンが絶滅した。そのような現象は事実、世界的なもので、その影響を受けたのは大部分が大型の種類であり、人類の視点から言うと、重要な狩猟動物かあるいは危険な捕食者である。

生活圏が実際に消滅したことで、しばしばいくつかの事例が説明できるのは事実である。例えば、北極圏の北方にある今日のツンドラでは長い極地の夜があって、そのような場所はマンモスゾウやケサイの棲み家となっていたヨーロッパ中部のステップ・ツンドラとは、確かに異なっていた*3。しかし同じことは、エーム間氷期にも当てはまっていたのであろうが、その時期にはマンモス類やサイ類はたやすく生活していた*4。だから、更新世の絶滅の問題は未だに解決していないのである。

更新世の多くの大型哺乳類が、今日までわれわれとともに生き残っているという事実は、その問題をさらに難しくしている。例えば、そのような動物はヨーロッパではヒグマやバイソン、ヘラジカ、アカシカである。ヒ

---

*3　ステップ・ツンドラはマンモス・ステップとも呼ばれ、今日のツンドラとは大きく異なり非常に寒冷ではあるが乾燥していて、マンモスゾウやケサイなどの草食獣の食物となる草が豊富に生え、ヴァイクセル氷期にはそれらの動物の棲み家となっていたと考えられている。ヴァイクセル氷期から完新世（後氷期）にかけての時期にステップ・ツンドラが消滅することによって、それらを棲み家としていた多くの哺乳類が絶滅したとする考えがあることをここでは述べている。ステップ・ツンドラについては、河村（2001）に解説されているので参照されたい。

*4　本文にあるようにエーム間氷期は完新世と同様、あるいはそれ以上に温暖な時期だったので、ステップ・ツンドラは完新世の場合のように消滅し、今日のようなツンドラが北方の地域に拡がっていたはずであるが、マンモス類やサイ類はそのときには絶滅していない。

グマを含むこれらすべての動物を、人類は古くエーム間氷期から狩猟してきた。だから氷河時代の人類による捕殺がかならずしも絶滅を引き起こしたわけではないのである。また、このように非常にまばらにしかいなかった人類の集団がどのようにして動物を絶滅させることができたのかを説明することも困難である。どの点から言っても、氷河時代の狩猟民たちは、資源を損なうことなく余分な部分を狩るという方法で、おそらくは彼らの環境とうまく調和して暮らしていたのであろう。1912年にヴォルフガンク・ゼルゲルは「1つの種を絶滅させてしまうような狩猟の動機は、けっして飢えではない。お金とそれに対する欲望がその動機となってきたのである。未開な人はそれらを知らない。彼は食べるために狩猟し、大型の狩猟動物に重大な影響を及ぼすほどそれらを倒すこともできない」と述べた。

だから、われわれは袋小路にいる。おそらくわれわれはその問題を考えるための新しいやり方、つまり万華鏡を回したときのように、人類と気候変動がうまくおさまるような絶滅要因の組み合わせが現れるのを待たねばならないであろう[*5]。

原著の註

アーベルによるホラアナグマの絶滅についての学説（Abel, 1929）に、ゼルゲルは賛成した（Soergel, 1940）。自然選択のいろいろなタイプについては、シンプソンの本（Simpson, 1954）を見よ（そこでは「種族の老化」という考えやその他の奇妙な考えも効果的に取り扱われている）。ホラアナグマの歯については、年齢によって死亡率が異なることを、本書ではクルテンの論文（Kurtén, 1967b）や多くの未公表の標本にもとづいて議論している。スイスの化石動物群はヘシェラーとクーンの著作（Hescheler and Kuhn, 1949）で取り扱われており、コーカサスの化石動物群についてはヴェレシチャーギンの本（Vereshchagin, 1959）で取り扱われている。絶滅につい

[*5] 第四紀後期の地球規模での絶滅現象については、町田ほか（2003）の6.3.4項で解説されている。本書の出版以後も、この現象についてはMartin and Klein（1984）、MacPhee（1999）、Martin（2005）、Johnson（2006）、Turvey（2009）など多くの文献で議論されている。

てのさらなるデータは、クルテンの論文(Kurtén, 1958)でも見ることができる。ポッド・ラーデムのホラアナグマはムシルによって研究され（Musil, 1965)、アスティエールのものはエーレンベルクによって研究された（Ehrenberg, 1935a)。更新世の絶滅についての多くの重要な研究は、マーティンとライトの本（Martin and Wright, 1967）に集められた。その中にはコワルスキーの論文(ホラアナグマについては、359 ～ 360 頁)や、ヴェレシチャーギンによるすばらしい研究も入っている。旧石器時代の狩猟や絶滅については、ゼルゲルの本（Soergel, 1912）も参照せよ。

付録

生命表

生命表（ディーベイの論文；Deevey, 1947 を見よ）は、一生を同時に開始した個体の「集団」の運命をまとめたものである。そこには一定の年齢の間隔で、死んだものの数、生き残ったものの数、死亡率、余命の期待値（あるいは残りの生きている時間）が与えられている。それらの欄はそれぞれ x, d_x, l_x, q_x, e_x で始まっている（$1000q_x$ は千分率で表した死亡率を表す）。

ホラアナグマの生命表では、最初の年齢の間隔がたった 0.5 年であることを除いて、1 年間隔になっている。その表はそれぞれの年齢の間隔に対して、q_x=a/（a+b）という式で割合を計算することによって作られた。ここで a は与えられた年齢の間隔に属している歯の全数であり、b はそれより年齢の高い歯すべての合計である。4.5 才から 15.5 才までの間の年齢の間隔に対する q_x のもともとの値は、いくぶん不ぞろいなので、3 つ連続した年齢の移動平均を用いて平均化されている。余命の期待値は 5 年ごとのみで計算されている。5.5 才を超える年齢の査定はおおよそのもので、予察的なものである。この表はクルテンの論文（Kurtén, 1958）で公表されたものの修正版である。

この表は死亡率が一生のうち最初の数年で高いこと、4 頭のうち約 1 頭の仔グマだけが成獣の年齢まで生き残ったことを示している。死亡率は次第に下がり、一生の半ばでは毎年 15% 未満で増えたり減ったりする傾向がある。約 12 才を過ぎると死亡率は老化の始まりとともに再び増加する（おそらくは主に歯のすり減りによる）。生まれたときの余命の期待値は約 3.5 年にすぎないが、若い成獣では 5 年を超えるまでに上昇し、その後は加齢とともに次第に減少する。

ホラアナグマの個体群の年齢構成は、クレイグヘッドらが 9 年の平均で作ったイエローストーンのアメリカヒグマの個体群のもの（Craighead *et al.*

1974）と比較できる。そのような比較は 2 番目の表に示されている。注目されることなのだろうが、2 つの個体群の値は互いに接近し並行している。しかし、成獣の相対的な数はホラアナグマの個体群の方が少ない。このことの少なくとも一部は本当の違いであろうし、その 2 種の潜在的な寿命によるものであろう。もちろんオデッサ産のホラアナグマの標本では、ある種の偏りもまた影響しているのかもしれない。もし成獣の頭骨や顎骨が交換のために使われたり贈り物として使われたとしたら、このような偏りは起こり得るのである。

オデッサ産のホラアナグマ（ウルスス・スペラエウス）の個体群の生命表

x 年齢の間隔	d_x その期間に死んだ数	l_x 期間の始めに生きていた数	$1000\,q_x$ 死亡率	e_x 余命の期待値
0-0.5	191	1000	191	3.47
0.5-1.5	309	809	382	
1.5-2.5	113	500	227	
2.5-3.5	76	387	198	
3.5-4.5	59	311	189	
4.5-5.5	39	252	155	5.1
5.5-6.5	30	213	141	
6.5-7.5	25	183	136	
7.5-8.5	21	158	134	
8.5-9.5	18	137	131	
9.5-10.5	18	119	151	4.2
10.5-11.5	16	101	158	
11.5-12.5	18	85	212	
12.5-13.5	18	67	269	
13.5-14.5	17	49	347	
14.5-15.5	13	32	407	1.5
15.5-16.5	9	19	474	
16.5-17.5	6	10	600	
17.5-18.5	4	4	1000	

ホラアナグマ（オデッサ産のウルスス・スペラエウス）とアメリカヒグマ（イエローストーン国立公園のウルスス・アークトス）*の年齢構成

	ホラアナグマ	アメリカヒグマ
その年に生まれた仔グマの割合（%）	23.5	18.6
1才の割合（%）	14.5	13.0
2才の割合（%）	11.3	10.2
3才～4才の割合（%）	16.4	14.7
成獣の割合（%）	34.2	43.7

*クレイグヘッドほかの論文（Craighead *et al*. 1974）のデータによる。

原著の文献目録

Abel, O. 1929. *Paläobiologie und Stammesgeschichte*. Jena.
Abel, O., and Koppers, W. 1933. Eiszeitliche Bärendarstellungen und Bärenkulte in paläobiologischer und prähistorischethnologischer Beleuchtung. *Palaeobiologica* 5:7-64.
Abel, O., and Kyrle, G., eds, 1931. *Die Drachenhöhle bei Mixnitz*. Speläolog. Monogr. Vols. 7-8. Vienna.
Arambourg, C. 1933. Révision des ours fossiles de l'Afrique du Nord. *Ann. Mus. Hist. Nat. Marseille* 25:247-301.
Bächler, E. 1921. Das Drachenloch bei Vättis im Taminatal. *Jahrb. St.-Gall. Naturf. Ges*. 1920-21.
———1934. Das Wildenmannisloch am Selun (Churfirsten).
———1940. *Das alpine Paläolithikum der Schweiz*. Basel.
Bächler, H. 1957. Die Altersgliederung der Höhlenbärenreste im Wildkirchli, Wildenmannisloch und Drachenloch. *Quartär* 9:131-46.
Bonifay, E. 1962. Un ensemble rituel Moustérien à la grotte du Régourdou. *Sixth Proc. Int. Congr. Prehist. Rome* 1962:132-40.
Buckland, W. 1822. Account of an assemblage of fossil teeth and bones . . . discovered in a cave at Kirkdale, etc. *Phil. Trans. Roy. Soc.* 122:171-236.
Charlesworth, J. K. 1957. *The Quaternary Era*. 2 vols. London.
Colbert, E. H. 1962. The weights of dinosaurs. *American Mus. Novitates*, 2076:1-16.
Cooke, H. B. S. 1973. Pleistocene chronology: Long or short? *Quatern. Res*. 3:206-20.
Couturier, M. A. J. 1954. *L'Ours brun*. Grenoble.
Craighead, J. J., Varney, J. R., and Craighead, F. C. 1974. A population analysis of the Yellowstone grizzly bears. *Bull. Montana Forest & Cons. Exp. Station* 40:1-20.
Crusafont, M., and Kurtén, B. Bears and bear-dogs from the Vallesian of Spain. *Acta zool. Fennica*., in press.
Cuvier, G. 1823. *Recherches sur les oseemens fossiles etc*. Nouv. ed., 4. Paris.
Deevey, E. S. 1947. Life tables for natural populations of animals. *Quart. Rev. Biol*. 22:283-314.
Dehm, R. 1950. Die Raubtiere aus dem Mittel-Miocän (Burdigalium) von Wintershof-West bei Eichstätt in Bayern. *Abh. Bayer. Akad. Wiss*., n.ser. 58:1-141.
Donner, J. J., and Kurtén, B. 1958. The floral and faunal succession of "Cueva del Toll," Spain. *Eiszeitalter u. Gegenwart* 9:72-82.
Dubois, A., and Stehlin, H. G. 1933. La grotte de Cotencher, station Moustérienne. *Mém. Soc. Paléont. Suisse* 52:1-178.
Ehrenberg, K. 1931. Der Höhlenbär. *Aus der Heimat* 44:65-80.
———1935a. Die Pleistozaenen Baeren Belgiens. I. Die Baeren von Hastière. *Mém, Mus. Roy. Hist. Nat. Belg*. 64:1-126.
———1935b. Die Pleistozaenen Baeren Belgiens. II. Die Baeren vom "Trou du Sureau" (Montaigle). *Mém. Mus. Roy. Hist. Nat. Belg*. 71:l-97.
———1942. Berichte über Ausgrabungen in der Salzofenhöhle im Toten Gebirge. II. Untersuchungen über umfassendere Skelettfunde als Beitrag zur Frage der Form- und Grössenverschiedenheiten zwischen Braunbär und Höhlenbär. *Palaeobiologica* 7:531-666.
———1964. Ein Jungbärenskelett und andere Höhlenbärenreste aus der Bärenhöhle im Hartlesgraben bei Hieflau (Steiermark). *Ann. Nat. Hist. Mus. Wien* 67:189-252.
———1966. Die Pleistozänen Bären Belgiens. III. Cavernes de Montaigle (Schluss), Cavernes de Walzin, Caverne de Freyr, Cavernes de Pont-a-Lesse. *Mém. Inst. Ray. Sci. Nat. Belg*. 155:1-74.
Erdbrink, D. P. 1953. *A Review of Fossil and Recent Bears of the Old World*. 2 vols. Deventer.
Esper, J, F. 1774. *Ausführliche Nachricht von neuentdeckten Zoolithen unbekannter vierfüssiger*

Thiere. . . Nürnberg.
Flint, R. F. 1971. *Glacial and Quaternary Geology*. New York.
Gábori-Czank, V. 1968. La Station du Paléolithique moyen d'Erd-Hongrie. *Monum. Histor. Budapest* 3:1-277.
Geist, V. 1971. The relation of social evolution and dispersal in ungulates during the Pleistocene, with emphasis on the Old World deer and the genus *Bison. Quatern. Res.* 1:283-315.
Gidley, J. W., and Gazin, C. L. 1938. The Pleistocene vertebrate fauna from Cumberland Cave, Maryland. *Bull. U.S. Nat. Mus.* 171:1-99.
Heller, F. 1956. Thomas Grebners bisher unveröffentlichte "Descriptio antri subterranei prope Galgenreuth" aus dem Jahre 1748. *Geol. Bl. Nordost-Bayern* 6:32-40.
Hescheler, K., and Kuhn, E. 1949. Die Tierwelt. In *Urgeschichte der Schweiz*, ed. O. Tschumi, pp. 121-368. Frauenfeld.
Hörmann, K. 1923. Die Petershöhle bei Velden in Mittelfranken. *Abh. Naturhist. Ges. Nürnberg* 21:121-54.
Huxley, J. S. 1942. *Evolution: The Modern Synthesis*. London.
Koby, F. E. 1938. Une nouvelle station préhistorique, les cavernes de Saint-Brais. *Verh. Naturf. Ges. Basel* 49:138-96.
———1949. Le dimorphisme sexuel des canines d'*Ursus arctos* et d'*Ursus spelaeus. Rev. suisse Zool.* 56:675-87.
———1953a. Lésions pathologiques aux sinus frontaux d'un ours des cavernes. *Eclogae Geol. Helv.* 46:295-97.
———1953b. Les paléolithiques ont-ils chassé l'ours des cavernes? *Actes Soc. Jurass. Emul.* 1954:1-48.
Koby, F. E., and Schaefer, H. 1961. Der Höhlenbär. *Veröff. Nat. Hist. Mus. Basel* 2:1-25.
Koenigswald, G. H. R. von. 1955. *Begegnungen mit dem Vormenschen*. Düsseldorf.
Kozhamkulova, B. S. 1974. Zoogeographical analysis of theriofauna of Kazakhstan. *Trans. Int. Theriol. Congr. Moscow* 1:300-301.
Kurtén, B. 1955. Sex dimorphism and size trends in the cave bear, *Ursus spelaeus* Rosenmüller and Heinroth. *Acta Zool. Fennica* 90:1-48.
———1958. Life and death of the Pleistocene cave bear, a study in paleoecology. *Acta Zool. Fennica* 95:1-59.
———1959. On the bears of the Holsteinian interglacial. *Stockholm Contr. Geol.* 2:73-102.
———1960. A skull of the grizzly bear (*Ursus arctos* L.) from Pit 10, Rancho La Brea. *Contr. Sci. Los Angeles County Mus.* 39:1-7.
———1964. The evolution of the polar bear, *Ursus maritimus* Phipps. *Acta Zool. Fennica* 108:1-26.
———1966. Pleistocene bears of North America. I. Genus *Tremarctos*, spectacled bears. *Acta Zool. Fennica* 115:1-96.
———1967a. Pleistocene bears of North America. II. Genus *Arctodus*, short-faced bears. *Acta Zool. Fennica* 117: 1-60.
———1967b. Some quantitative approaches to dental microevolution. *Jour. Dental Res.* 46:817-28.
———1968. *Pleistocene Mammals of Europe*. London.
———1969a. Cave bears, *Studies Speleol.* 2:13, 24.
———1969b. A radiocarbon date for the cave bear remains (*Ursus spelaeus*) from Odessa.*Comment. Biol. Soc. Sci. Fennica* 31(6):1-3.
———1971. *The Age of Mammals*. London.
———1972. *The Ice Age*. New York.
———1975. Fossile Reste von Hyänen und Bären (Carnivora) aus den Travertinen von Weimar-Ehringsdorf. *Abh. Z. Geol. Inst.* 23:465-84.
———In press. *Fossile Reste von Bären und Hyänen (Carnivora) aus den Travertinen von Taubach*. Weimar.
Lyell, C. 1875, *The Principles of Geology*. 2 vols. London.

Malez, M. 1963. Kvartarna fauna pećine Veternice u Medvednici (Die Quartäre Fauna der Höhle Veternica (Medvednica-Kroatien)). *Palaeont. Jugoslavica* 5:1-197.
Marshack, A. 1972. Cognitive aspects of Upper Paleolithic engraving. *Current Anthropol.* 13:445-77.
Martin, P. S., and Wright, H. E. 1967. *Pleistocene Extinctions: The Search for a Cause.* New Haven.
Matheson, C. 1942. Man and bear in Europe. *Antiquity* 1942:151-59.
Mottl, M. 1933. Zur Morphologie der Höhlenbärenschädel aus der Igric-Höhle. *Jahrb. Ung. Geol. Reichsanst.* 29:187-246.
———1964. Bärenphylogenese in Südost-Österreich. *Mitteil. Mus. Bergbau Landesmus. "Joanneum"* 26:1-55.
Musil, R. 1965. Die Bärenhöhle Pod hradem. Die Entwicklung der Höhlenbären im letzten Glazial. *Anthropos* 18:7-92.
Nordmann, A. von. 1858. *Palaeontologie Suedrusslands. I. Ursus spelaeus (odessanus).* Helsingfors.
Ovey, C. D., ed. 1964. *The Swanscombe Skull: A Survey of Research on a Pleistocene Site.* London.
Owen, R. 1846. *A History of British Fossil Mammals and Birds.* London.
Pei, W. C. 1934. On the Carnivora from Locality 1 of Choukoutien. *Palaeont. Sinica* C 8 (1):1-166.
Pennant, W. 1781. *History of Quadrupeds.* Vol 2. London.
Rosenmüller, J. C. 1795. *Beiträge zur Geschichte und nähern Kenntniss fossiler Knochen. Erstes Stück.* Leipzig.
Rosenmüller, J. C., and Heinroth, J. C. 1794. *Quaedam de Ossibus Fossilibus Animalis cuiusdam, Historiam eius et Cognitionem accuratiorem illustrantia.* Leipzig.
Schmerling, P. C. 1833. *Recherches sur les ossemens fossiles découverts dans les cavernes de la province de Liège.* Vol. 1. Liège.
Schmid, E. 1959. Zur Altersstaffelung von Säugetierresten und der Frage paläolithischer Jagdbeute. *Eiszeitalter u. Gegenwart* 10:118-22.
Simpson, G. G. 1954. *The Major Features of Evolution.* New York.
Soergel, W. 1912. *Das Aussterben diluvialer Säugetiere und die Jagd des diluvialen Menschen.* Jena.
———1922. *Die Jagd der Vorzeit.* Jena.
———1940. *Die Massenvorkommen des Höhlenbären.* Jena.
Solecki, R. S. 1971. *Shanidar: The First Flower People,* New York.
Sutcliffe, A. J., and Zeuner, F. E. 1962. Excavations in the Torbryan caves, Devonshire. I. Tornewton Cave. *Proc. Devon Archaeol. Explor. Soc.* 5:127-45.
Tasnádi-Kubacska, A. 1962. *Paläopathologie.* Jena.
Tiddeman, R. H. 1876. Third report of the Victoria-Cave Exploration Committee. *Rept. Brit. Assoc.* 1875:166-75.
Toepfer, V. 1963. *Tierwelt des Eiszeitalters.* Leipzig.
Ucko, P.J., and Rosenfeld, A. 1967. *Palaeolithic Cave Art.* London.
Vereshchagin, N. K. 1959. *The Mammals of the Caucasus: A History of the Evolution of the Fauna.* Translated by A. Lermaw and B. Rabinovich. Jerusalem.
Wankel, J. 1892. *Die praehistorische Jagd in Mähren.* Olmütz.
Wolff, B. 1938-1941. Fauna fossilis cavernarum, I-III. *Fossilium Catalogus, Animalia.* Vols. 82, 89, 92, pp. 1-288, 1-320.
Woldstedt, P. 1969, *Quartär.* Stuttgart.
Zachrisson, I., and Iregren, E. 1974. Lappish bear graves in northern Sweden. *Early Norrland* 5:1-113.
Zapfe, H. 1954. Beiträge zur Erklärung der Entstehung von Knochenlagerstätten in Karstspalten und Höhlen. *Geologie* 12:1-59.
Zeuner, F. E. 1959. *The Pleistocene Period.* 2d ed. London.
Zotz, L. 1951. *Altsteinzeitkunde Mitteleuropas.* Stuttgart.

訳者のあとがき

本書の翻訳を終えて、まず思ったことは「クルテンはすごい」ということである。彼の博識には驚かされる。彼は亡くなるまでに多くの学術論文を執筆したが、そのほかに1960年代末から1990年代前半にかけて数多くの本を出版した（彼の死後に出版されたものもある）。それらは学術書が多いが小説やエッセイも含まれている。そのような彼の著作は優れたものであり、中にはわが国で翻訳されたものもある。「恐竜の時代（The Age of the Dinosaurs）」、「あなたの祖先はサルではない（Not from the Apes：A History of Man's Origins and Evolution）」、「哺乳類の時代（The Age of Mammals）」、「霊長類ヒト科のルーツ（Our Earliest Ancestors）」である。彼は世界一流の化石の研究者、つまり古生物学者であった。彼はスウェーデン系フィンランド人であるが、おもしろいことに彼の母国のフィンランドはほとんど化石の出ない国なのである。特にホラアナグマがヨーロッパに生息していた時代にはかなりの期間、フィンランドは今日の南極大陸のように氷の下だった。本書の第4章の図16を見れば、そのことがよくわかる。

そのように恵まれない条件のために、彼は諸外国へ出かけてたいへんな努力をしたのであろう。逆にそれが彼に広い視野を持たせ、彼の学問を幅広く奥深いものにしたのかもしれない。彼が最も得意としたのは、食肉目に属する哺乳類の化石研究である。中でもクマ類は彼の中心的な研究課題であった。したがって、本書には彼の研究の結晶がつまっていると言ってもよいであろう。彼はホラアナグマとそれに関連するクマ類についての膨大な量の文献を読み、また数千・数万のクマ化石を実際に調べて、ホラアナグマという絶滅動物のことをこの1冊の本にまとめたのである。そのために、この本はたいへん充実した内容になっている。

そのように充実した内容の本であるからこそ、翻訳に苦労した点もある。翻訳に際して第一に心がけたのは、本書の内容をわが国の読者にわかりやすくすることであった。そのために直訳しただけでは、日本語にならない、あるいはなったとしても奇妙な表現になる箇所は言い換えたり、言葉を補ったりして意訳し、日本語らしい表現になるように心がけた。また本書では人名、地名、学名が頻繁に出てくるが、そのうち人名や地名についてはできるだけ原語に近い読み方、またはわが国の教科書や地図帳などで一般に使われている読み方でカタカナ表記し、学名については読者になじみやすいように、ローマ字読みをしてカタカナで表記するようにした。英語圏の人々は学名を英語読みするが、ここではそのような読み方はしていない。

本書の翻訳には化石そのもののことだけでなく、諸外国の事情についての知識、特にそれらの国の博物館・大学・研究所などの研究機関についての知識が必要であった。幸い河村 愛はイギリス、ドイツ、ベルギー、中国、台湾でそのような機関を訪問したことがあり、河村善也はそれらの国に加えてフランス、オランダ、スイス、イタリア、ケニア、パキスタン、インドネシア、アメリカ、カナダの機関を訪れた経験があったので、その際に得た知識が本書の翻訳に、いろいろな形で大いに役立った。

また、原著の巻頭にはイギリスの歴史家トマス・カーライル（1795～1881）の著書「フランス革命」の短い一文が引用されているが、ここではこれを翻訳して載せると、わが国の読者にはかえってわかりにくくなると考えて、この一文は省略することにした。

クルテンは晩年に来日したことがある。一方、日本からクルテンのもとへ留学した人もいる。元林原自然科学博物館の渡部真人さんである。そのため、渡部さんには、クルテンや彼に関係した研究者についていろいろ教えていただいた。また、本書で扱われているホラアナグマという絶滅動物は、その出現から絶滅に至るまでの歴史が非常に詳しく復元されているので、第四紀後期の絶滅現象を考える上で重要なデータを提供してくれる。そのため、このような絶滅現象を研究課題とした科学研究費補助金（基盤研究B、課題番号：21340145）を、本書の翻訳やそれに関連する研究活動にも使用した。この翻訳書の出版にあたっては、インデックス出版の田中壽美さんと楠部 樹さんにお世話になった。

最後に、われわれが本書の翻訳を終えて思ったことをもう一つ述べておこう。この良書を翻訳したことは、古生物学の研究を行っているわれわれにとって、本当によい勉強になったということである。われわれに、このようなよい勉強をさせてくれたクルテンという大先生にも心から感謝したい。

河村 愛・河村善也

追記：本書は、著作権者であるクルテンの遺族の許諾が得られた2013年6月には、最終校正も終わり出版直前の状態であったが、本書に掲載されている図の版権の問題を解決する必要があるとの出版社の判断で、急遽その出版が延期されることになった。訳者は、2013年または2014年の出版を想定していたため、その著作物に本書の出版年をそのように記して引用している場合があるが、それを2015年と訂正したい。したがって、本書の引用例は「クルテン, B.（1976）ホラアナグマ物語ーある絶滅動物の生と死－181p.（河村　愛・河村善也訳, 2015, インデックス出版）」となる。

2015年12月　訳者

訳者による付録 1

地球史の年表

本書には地球史の時代、つまり地質時代がたびたび出てくる。そこで、ここでは本書に出てくる中新世とそれ以後の時代を中心に、地質時代を年表にまとめておいた（第 3 章の 50 ページの図中にある「漸新世とそれ以前」はこの年表では古第三紀に当たる）。なお、この年表の中の第四紀については、さらに詳しい年表を「訳者による付録 2」に載せておいた。

地質時代は、基本的には地層とそこから産出する化石にもとづいて組み立てられている。本書の第 3 章で述べられているように、地層は下から上へ順に積み重なっていくので、下にある地層ほど古い。これを地層累重の法則と言うが、年表はこれに従って作られているので、下から上へ古い時代から新しい時代が順に並べられている。この年表の左の欄のような時代の区分が行われた後に、放射性元素を用いる方法などによって、それぞれの時代の境界が今から何年前であるのかという数値による年代が決められた（年表の右の欄）。このような年代を数値年代または絶対年代（絶対に正しい年代という意味ではない）と言う。それに対して、上に述べた地質時代の区分は、どちらが古いかという相対的な古さを表すので相対年代とも言われる。数値年代は、年代測定法の進歩やそれぞれの時代の境界をどのように決めるかなどの問題で、その年表の作られた時代や作った研究者の考えで変化するが、地質年代の区分という枠組み自体は変化しない。ここでは Ogg *et al.*（2008）による最近の数値年代を年表に入れておいたが、本書の中でクルテンが用いている年代値とは、大きく異ならないにしても、かなり異なっているところがある。

年表の中の①と②の境界は、最近まで議論のあった新第三紀と第四紀の境界をどこに決めるかという問題について、2 つの考えがそれぞれ主張する境界を表している（第 3 章の訳注 [*8] 参照）。①と②に挟まれた③の時期をジ

地質時代の区分				数値年代
				0年前
新生代	第四紀	完新世		
				1.17万年前
		更新世	後期	
				12.6万年前
			中期	
				78万年前
			前期	
		②		181万年前
			③	
	①			259万年前
	新第三紀	鮮新世	後期	
				360万年前
			前期	
				533万年前
		中新世	後期	
				1161万年前
			中期	
				1597万年前
			前期	
				2303万年前
	古第三紀			
				6550万年前
中生代				
				2.51億年前
古生代				
				5.42億年前
先カンブリア時代				
				46億年前

ェラ期と言うが、このことはジェラ期を更新世に含めるか鮮新世に含めるかという問題でもある。わが国ではそれまで、ほとんどの研究者が②の境界を採用していたのであるが、2009年以降は国際的に①の境界を採用することになったのに合わせて、ジェラ期を更新世に含めて第四紀の始まりを①としている。

本書の翻訳では、上記のジェラ期（Gelasian Age）のようにその名称の語源にもとづいた訳語を用いている。わは国では古くからそのようにされてきたからである。ジェラ期はイタリア南部の地名ジェラ（Gela）に由来する（-ianは時代などを表す英語の形容詞の語尾で、ドイツ語やフランス語など他の言語では異なった語尾になる）。わが国の一部の研究者は、これの訳語として安易に英語をカタカナ表記してジェラシアン期と呼んでいる場合があるが、このような呼び方には賛成できない。語源を考えた訳語を用いるべきである。ジェラ期とよく似ているが、ジュラ紀（Jurassic Period）という時代名がある。「ジュラシック・パーク」という映画のタイトルでもよく知られている中生代のこの時代名は、第5章の訳注*6で述べたように、ジュラ山脈（Jura Mountains）に由来する。この時代名の訳語は、わが国では古くからジュラ紀であって「ジュラシック紀」ではない。古生代のデボン紀（Devonian Period；第5章の訳注*9）も同様に、「デボニアン紀」ではなく「デボン紀」なのである。

このようなことから、本書の翻訳では次のような時代名を使った（訳者による付録2と下にあげた訳注も参照）。

フランドル間氷期（Flandrian interglacial）
ヴァイクセル氷期（Weichselian glaciation）…第4章訳注*5
エーム間氷期（Eemian interglacial）…第4章訳注*2
ザーレ氷期（Saalian glaciation）
ホルシュタイン間氷期（Holsteinian interglacial）
エルスター氷期（Elsterian glaciation）
クローマー間氷期（Cromerian interglacial）
ワール間氷期（Waalian interglacial）
ティグリア間氷期（Tiglian interglacial）
ビラフランカ期（Villafranchian age）…第3章訳注*11

考古編年でも同様の用語を使用して、例えば次のように翻訳した（訳者による付録2の図と下にあげた訳注も参照）。

マグダレーヌ期の遺物（Magdalenian industry）
ソリュートレ文化（Solutrean culture）
ムスティエ期（Mousterian period）…第6章の訳注*6

訳者による付録2

第四紀の新しい編年

海洋底には細粒の堆積物が連続して堆積していることが多く、そのような堆積物には炭酸カルシウムの殻を持つ有孔虫の化石が豊富に含まれている。このような堆積物にボーリングをして得られたコアの有孔虫殻に含まれる酸素同位体比の変化を、堆積物の上から下に連続的に調べることによって、図に示したような酸素同位体比の時間的な変化を連続的に表した曲線が得られる。これは陸上の氷の量、ひいては寒暖の変化を表しているので、この曲線にもとづいて第四紀の細かい時代区分ができると考えられる。図の左に向うピークは寒冷期または氷期を表しており、右へ向かうピークは温暖期または間氷期を表している。さらに曲線が左から右、または右から左へ大きく移動するところを境に、現在から順に遡って番号をつけて時期区分をすることが考えられた。このようにして区分されたそれぞれの時期は酸素同位体ステージ（MIS または OIS）と呼ばれ、現在から順に温暖期には奇数番号、寒冷期には偶数番号をつけて呼ばれることになった。ちなみに、このような酸素同位体ステージでは完新世はステージ 1（MIS 1)、後期更新世はステージ 2（MIS 2）からステージ 5（MIS 5）ということになる（図参照)。また 1 つのステージの中で細かいピークがいくつもある場合は、例えばステージ 5 のように 5a から 5e に細分されることもある（図では第 4 章の訳注*2 に記した 5e のみを示した)。海洋底のボーリングコアでは、古地磁気の極性（第 3 章訳注*16）も測定することができるので、古地磁気の年代尺度と対応させることができ、このような編年の信頼性を高めた（図参照)。

一方、本書が書かれた当時は陸上で氷期に形成された氷河性堆積物と、間氷期に形成された非氷河性堆積物などの情報にもとづいたヨーロッパや北アメリカの古典的な第四紀の編年が一般に受け入れられていたので、そ

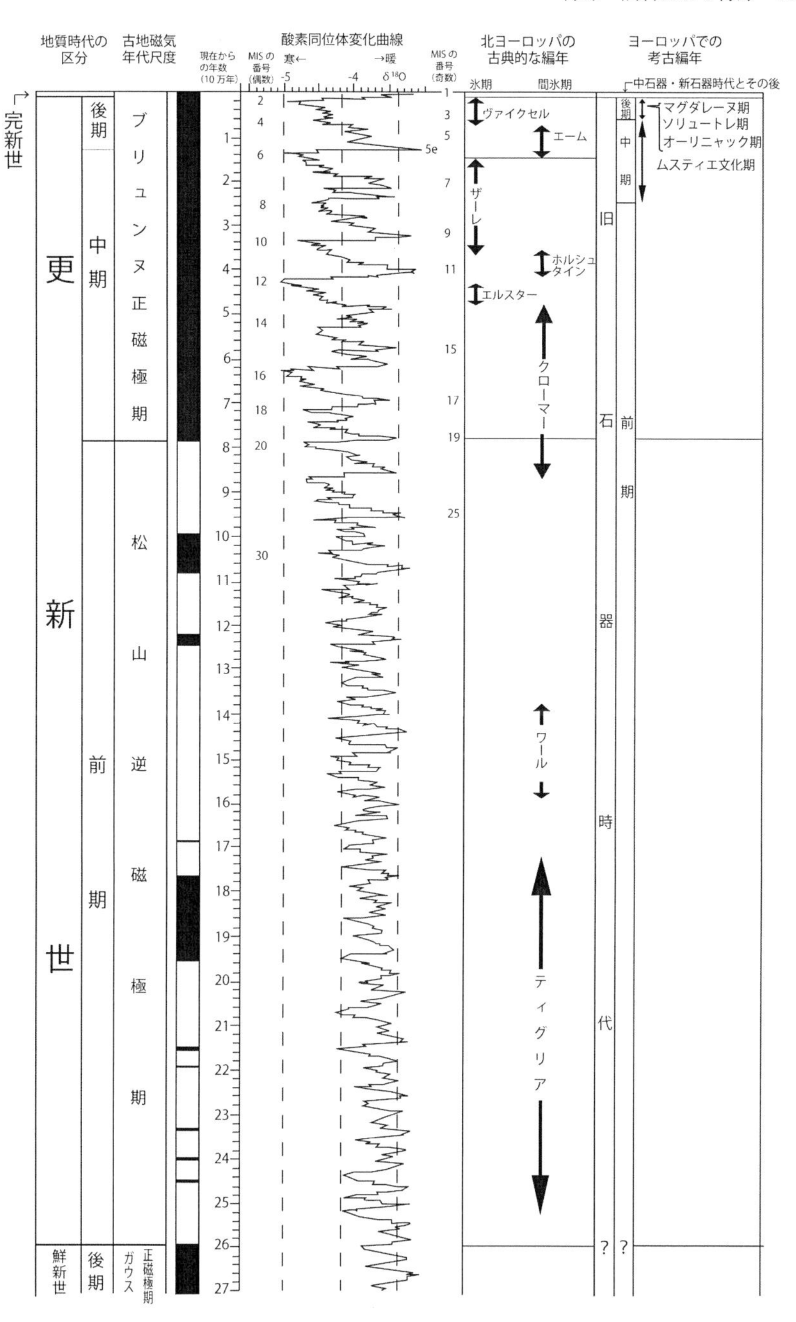
地質時代の区分
古地磁気年代尺度
現在からの年数（10万年）
MISの番号（偶数）
酸素同位体変化曲線
寒←
→暖
δ18O
MISの番号（奇数）
北ヨーロッパの古典的な編年
氷期
間氷期
ヨーロッパでの考古編年
中石器・新石器時代とその後
完新世
更新世
鮮新世
後期
中期
前期
後期
ブリュンヌ正磁極期
松山逆磁極期
ガウス正磁極期
ヴァイクセル
エーム
ザーレ
ホルシュタイン
エルスター
クローマー
ワール
ティグリア
旧石器時代
後期
中期
前期
マグダレーヌ期
ソリュートレ期
オーリニャック期
ムスティエ文化期
5e
?
?

れが本書の第3章の表にまとめられており（44ページ）、本書の記述もそれにもとづいている。しかし、このような編年は陸上の切れ切れになった不完全な記録をつなぎ合わせて作られたものであり、酸素同位体比変化曲線にもとづく編年よりはるかに精度が劣ると考えられるようになったことから、本書が出版された後に次第に使われなくなっていった。

図を参考にして、本書で多用されている北西ヨーロッパの古典的な編年と酸素同位体比変化曲線による編年の関係を見てみよう。ヴァイクセル氷期はステージ2から4、エーム間氷期はステージ5（第4章の訳注*2）、ザーレ氷期はステージ6からステージ10、ホルシュタイン間氷期はステージ11、エルスター氷期はステージ12ということになり、さらに古いクローマー間氷期やワール間氷期、ティグリア間氷期には数多くの寒冷期や温暖期が含まれていることがわかる（第3章の訳注*13）。

本書ではホラアナグマと人類の関係についても述べられているが、考古遺物にもとづくヨーロッパでの考古編年と酸素同位体ステージの関係も図に示しておいた。新しい方からマグダレーヌ期、ソリュートレ期、オーリニャック期に区分される後期旧石器時代はステージ2と3、中期旧石器時代にあたるムスティエ期はステージ4から8、前期旧石器時代はステージ9以前ということになる。

≪訳注で引用した文献≫

遠藤邦彦・奥村晃史（2010）第四紀の新たな定義：その経緯と意義についての解説. 第四紀研究，vol. 49, no. 2, p.69-77.

Johnson, C. (2006) *Australia's Mammal Extinctions: A 50000 Year History*. 278p. Cambridge Universiry Press, Cambridge etc.

Kahlke, H. D. (1981) *Das Eiszeitalter*. 192p. Urania-Verlag, Leipzig etc.

Kawamura, A. and Kawamura Y.（2012）Late Pleistocene remains of the elk（*Alces alces*）from Kaza-ana Cave, Iwate Prefecture, northeast Japan. *Jour. Geosci. Osaka City Univ*., vol.55, p.21-41.

河村 玲奈・河村 善也（2011）ブルドッグ—その意外な歴史—. 94p. インデックス出版，東京.

河村善也（2001）マンモスの時代. NHK スペシャル「日本人」プロジェクト（編）NHK スペシャル日本人はるかな旅　第 1 巻マンモスハンター，シベリアからの旅立ち. p.169-186. 日本放送出版協会，東京.

Kurtén, B. (1964) The evolution of the polar bear, *Ursus maritimus* Phipps. *Acta Zoologica Fennica*, no.108, p.1-26.

クルテン, B.(1988)ヨーロッパにハイエナがいた時代. アニマ, 1988 年 1 月号, p.62-65.

Kurtén, B. and Anderson, E. (1980) *Pleistocene Mammals of North America*. 442p. Columbia Universiry Press, New York.

町田 洋・大場忠道・小野 昭・山崎晴雄・河村善也・百原 新（編著）（2003）第四紀学. 325p. 朝倉書店，東京.

MacPhee, R. D. E. (ed.) (1999) *Extinctions in Near Time : Causes, Contexts, and Consequences*. 394p. Kluwer Academic / Plenum Publishers, New York etc.

Martin, P. S. (2005) *Twilight of the Mammoths : Ice Age Extinctions and the Rewilding of America*. 250p. University of California Press, Berkeley etc.

Martin, P. S. and Klein, R. G. (eds.) (1984) *Quaternary Extinctions : A Prehistoric Revolution*. 892p. The University of Arizona Press, Tucson.

Nilsson, T. (1983) *The Pleistocene : Geology and Life in the Quaternary Ice Age*. 651p. D. Reidel Publishing Company, Dordrecht etc.

Ogg, J. G., Ogg, G. and Gradstein, F. M.（2008）*The Concise Geologic Time Scale*. 177p. Cambridge University Press, Cambridge etc.

Stuart, A. J. (1982) *Pleistocene Vertebrates in the British Isles*. 212p. Longman, London and New York.

Sutcliffe, A. J. (1985) *On the Track of Ice Age Mammals*. 224p. British Museum (Natural History), London.

鈴木 尚（1973）人体計測 — マルチンによる計測法 —. 106p. 人間と技術社，東京.

Turvey, S. T. (ed.) (2009) *Holocene Extinctions*. 352p. Oxford University Press, Oxford etc.

Ward, P. and Kynaston, S.（1995）*Bears of the World*. 191p. Blandford, London.

索　引

（太字は原著の索引にあげられている語で、それ以外のものは訳者が追加した）

あ

い

う

え

お

か

き

く

け

こ

さ

し

す

せ

そ

た

ち

つ

て

と

な

に

ね

の

は

ひ

ふ

へ

ほ

ま

み

む

め

も

や

ゆ

よ

ら

り

る

れ

ろ

わ

著者紹介

ビョーン・クルテン（Björn Kurtén）

1924 ～ 1988

フィンランドの古生物学者で、ヘルシンキ大学教授を務めた。クマ類など、哺乳類の中で食肉類と言われるグループの化石研究がもともとの専門で、新しい手法でこの分野の研究を大きく進展させた。その後は、そのような専門分野だけでなく非常に幅広い研究や著作活動を行い、多くのすぐれた著書を残した。本書は彼の代表作の一つ。

訳者紹介

河村　愛（かわむら あい）

大阪市立大学大学院理学研究科後期博士課程在学中。「人類紀自然学研究室」に所属し、第四紀の哺乳類化石を研究している。

河村善也（かわむら よしなり）

愛知教育大学教授、理学博士。
専門は古生物学、地質学、第四紀学。

カバー見返しのクルテンの写真は、ヘルシンキ大学のミカエル・フォルテリウス（Mikael Fortelius）教授のご厚意により渡部真人さん（元 林原自然科学博物館）を通して送っていただいた。

装　丁　家田幸奈
イラスト　サイトウユミ
SOLVA
デザインオフィス’50

ホラアナグマ物語（ものがたり）

2015年12月31日　初版第1刷発行

著　者　ビョーン・クルテン
訳　者　河村（かわむら）　愛（あい）
河村（かわむら）　善也（よしなり）
発行者　田中（たなか）　壽美（かずみ）

発行所　インデックス出版
〒191-0032　東京都日野市三沢1-34-15
Tel 042-595-9102　Fax 042-595-9103
URL：http://www.index-press.co.jp
印刷所　株式会社わかば

ISBN978-4-901092-91-3　C3040